世纪英才中职项目教学系列规划教材（电工电子类专业）

电子技术基本功

王国玉　主编

王学瑞　黄瑞冰　副主编

人民邮电出版社

北　京

图书在版编目（CIP）数据

电子技术基本功 / 王国玉主编.—北京：人民邮电出版社，2009.10（2012.9 重印）
（世纪英才中职项目教学系列规划教材.电工电子类专业）
ISBN 978-7-115-20996-2

I.电… II.王… III.电子技术－专业学校－教材
IV.TN

中国版本图书馆CIP数据核字（2009）第090284号

内 容 提 要

本书是中职学校·电子技术基础课程教材，书中的项目以制作为主线，以具体任务为单元，全书共计 8 个项目：半导体（晶体管）器件的认知与检测、电子仪表仪器的使用、直流稳压电源的制作、放大器的制作、六管超外差收音机的组装、低频信号发生器的制作、频率计的制作和数字钟的制作。本书项目涵盖模拟与数字电路的基本技能和基本知识，以基本功为基调。通过"项目教学"来促进理论学习，再通过理论来指导实践，强调"先做后学，边做边学"，把学习变得轻松愉快，使学生能够快速入门，越学越有兴趣。本书同时兼顾技能鉴定的相关技能与知识要求等内容。其特点是针对性和实用性强，图文并茂，语言通俗易懂。

本书可作为中等职业学校电子电器应用与维修专业、电子与信息技术专业、电子技术与应用专业、电气自动化专业、机电一体化专业和计算机专业的基础技能课程教材，也可供相关专业的工程人员和技术工人参考。

世纪英才中职项目教学系列规划教材（电工电子类专业）

电子技术基本功

◆ 主　　编　王国玉
　　副 主 编　王学瑞　黄瑞冰
　　责任编辑　丁金炎
　　执行编辑　洪　婕

◆ 人民邮电出版社出版发行　　北京市崇文区夕照寺街 14 号
　　邮编　100061　电子邮件　315@ptpress.com.cn
　　网址　http://www.ptpress.com.cn
　　大厂聚鑫印刷有限责任公司印刷

◆ 开本：787×1092　1/16
　　印张：13.25　　　　　　　2009 年 10 月第 1 版
　　字数：297 千字　　　　　2012 年 9 月河北第 3 次印刷

ISBN 978-7-115-20996-2/TN

定价：24.00 元

读者服务热线：(010)67129264　印装质量热线：(010)67129223
反盗版热线：(010)67171154

世纪英才中职项目教学系列规划教材

编 委 会

丛书前言

  2008 年 12 月 13 日，"教育部关于进一步深化中等职业教育教学改革的若干意见"【教职成（2008）8 号】指出：中等职业教育要进一步改革教学内容、教学方法，增强学生就业能力；要积极推进多种模式的课程改革，努力形成就业导向的课程体系；要高度重视实践和实训教学环节，突出"做中学、做中教"的职业教育教学特色。教育部对当前中等职业教育提出了明确的要求，鉴于沿袭已久的"应试式"教学方法不适应当前的教学现状，为响应教育部的号召，一股求新、求变、求实的教学改革浪潮正在各中职学校内蓬勃展开。

  所谓的"项目教学"就是师生通过共同实施一个完整的"项目"而进行的教学活动，是目前国家教育主管部门推崇的一种先进的教学模式。"世纪英才中职项目教学系列规划教材"丛书编委会认真学习了国家教育部关于进一步深化中等职业教育教学改革的若干意见，组织了一些在教学一线具有丰富实践经验的骨干教师，以国内外一些先进的教学理念为指导，开发了本系列教材，其主要特点如下。

  （1）新编教材摒弃了传统的以知识传授为主线的知识架构，它以项目为载体，以任务来推动，依托具体的工作项目和任务将有关专业课程的内涵逐次展开。

  （2）在"项目教学"的教学环节的设计中，教材力求真正地去体现教师为主导，学生为主体的教学理念，注意到要培养学生的学习兴趣，并以"成就感"来激发学生的学习潜能。

  （3）本系列教材内容明确定位于"基本功"的学习目标，既符合国家对中等职业教育培养目标的定位，也符合当前中职学生学习与就业的实际状况。

  （4）教材表述形式新颖、生动。本系列教材在封面设计、版式设计、内容表现等方面，针对中职学生的特点，都做了精心设计，力求激发学生的学习兴趣，多采用图表结合的版面形式，力求学习直观明了，多采用实物图形来讲解，力求学生容易理解。

  综上所述，本系列教材是在深入理解国家有关中等职业教育教学改革精神的基础上，借鉴国外职业教育经验，结合我国中等职业教育现状，尊重教学规律，务实创新探索，开发的一套具有鲜明改革意识、创新意识、求实意识的系列教材。其新（新思想、新技术、新面貌）、实（贴近实际、体现应用）、简（文字简洁、风格明快）的编写风格令人耳目一新。

  如果您对本系列教材有什么意见和建议，或者您也愿意参与到本系列教材中其他专业课教材的编写，可以发邮件至 wuhan@ptpress.com.cn 与我们联系，也可以进入本系列教材的服务网站 www.ycbook.com.cn 留言。

丛书编委会

前　言

Foreword

《电子技术基本功》是以教育部 2008 年颁布的"中等职业教育国家规划教材《电子技术基础》教学大纲【送审稿】"为依据编写的。电子技术是中等职业学校电类专业重要的专业基础课程，本课程是实践性和理论性很强，又很有技术性、实用性和趣味性的一门课程。本书以元器件的识别与检测、单元电路的制作工艺方法为基础，专为掌握基础理论与技能而设计的实训项目。通过项目教学提高学生电子技术理论与技能基础知识的实际应用能力（含识图、读图、绘图能力；仪器仪表使用能力；元件识别和检测能力；整机装调工艺应用能力）。项目以制作为主线，以具体任务为单元。

本教材在内容组织、结构编排及表达方式等方面都作出了重大改革，以强调基本功为基调，以"项目情境创设"、"项目教学目标"、"项目基本技能"、"项目基本知识"和"项目学习评价"五个要素，通过做项目学习理论知识，通过学习理论知识指导实践，充分体现理论和实践的结合。强调"先做后学，边做边学"，使学生能够快速入门，把学习电子电路的成果，转化为前进的动力，使学生树立起学习电子制作的信心，掌握电子元件检测选用、常用仪器仪表的使用方法及 PCB 板制作和整机的装配调试等制作工艺。

本书在项目的选择上，充分考虑到各学校教学设备的状况，具有实验材料易得、制作容易、由浅及深、实用性强等特点。在实施过程中，既可以使用万能实验板制作，也可以在已有的实验板、实验箱或实验台上完成。在内容上，紧扣教学大纲的知识点，技能点以"必需、够用、实用"为原则，讲练结合、层次分明，突出实用技术，争取做到"薄、新、浅、实"。

本书由河南省学术技术带头人（中职）河南信息工程学校高级工程师王国玉主编，并完成全书统稿；河南信息工程学校的王学瑞，鹤壁工贸学校黄瑞冰任副主编。参编老师分工如下：王学瑞、黄瑞冰编写项目一；河南信息工程学校张付梅编写项目二；安阳电子信息学校张自蕴编写项目三；鹤壁工贸学校赵尚兴编写项目四；河南禹州职业中专刘海峰编写项目五；安阳电子信息学校侯爱民和李红建编写项目六；新乡第一职业中专李文华编写项目七；王国玉和郑州电子信息工程学校金杰编写项目八。全书由武汉铁路职业技术学院副教授杨承毅主审，并且提出了宝贵建议；在教材构思过程中，得到了丁金炎和杨承毅老师的指导和帮助，在此深表谢意！另附教学建议学时表如下，在实施中任课教师可根据具体情况适当调整和取舍。

序　　号	内　　容	学　　时
项目一	半导体（晶体管）器件的认知与检测	8
项目二	电子仪表仪器的使用	6
项目三	直流稳压电源的制作	10
项目四	放大器的制作	24
项目五	六管超外差收音机的组装	16
项目六	低频信号发生器的制作	20
项目七	频率计的制作	20
项目八	数字钟的制作	20
总学时数		124

　　由于编者水平有限，书中难免存在错误和不妥之处，恳请读者批评指正。

编　者

2009 年 6 月

目 录

Contents

项目一　半导体（晶体管）器件的认知与检测

🎥 **项目情境创设**

　　世界上的电子产品都是由各种各样的电子元器件，通过一定的组合来实现各种各样的功能。在本系列教材中的《电工技术基本功》中已经完成电阻器、电容器、感性元器件的认识与检测，这仅仅是为电子技术基本功奠定了基础。在电子技术中，更为重要的是学习半导体（晶体管）器件的知识，以便更好地掌握半导体器件在电子技术的应用。半导体器件的学习是学好模拟电路和数字电路重中之重的任务。

✒ **项目学习目标**

	学　习　目　标	学　习　方　式	学　　时
技能目标	① 掌握检测二极管基本技能，并且判别好坏。 ② 掌握检测三极管基本技能，并且判别好坏。 ③ 掌握检测晶闸管基本技能，并且判别好坏。 ④ 掌握检测场效应管基本技能，并且判别好坏。	学生实际动手测量；教师重点指导测量	2 课时
教学目标	① 了解二极管的结构，掌握二极管的符号、分类、基本原理和基本参数。 ② 了解三极管的结构，掌握三极管的符号、分类、基本原理和基本参数。 ③ 了解晶闸管的结构，掌握晶闸管的符号、分类、基本原理和基本参数。 ④ 了解场效应管的结构，掌握场效应管的符号、分类、基本原理和基本参数。	教师重点讲授：熟悉晶体三极管、晶闸管和场效应管及其放大器的基本理论	6 课时

💪 **项目基本功**

一、项目基本技能

任务一　晶体二极管的认知与检测

　　晶体二极管是由一个 PN 结构成的半导体器件，具有单向导电特性。有两个电极，分别叫正极和负极。根据二极管所用半导体材料、结构及制造工艺的不同，二极管有不同的用途。

　　常见普通的几种二极管（包括检波二极管、整流二极管、阻尼二极管、开关二极管、续流二极管）和特殊功能二极管的电路符号、实物图及检测如表 1-1 所示。通过用万用表检测其正、反向电阻值，可以判别出二极管的极性，更为重要的是可以判别出二极管是否损坏。

表 1-1　　　　　　　　　　常见的几种二极管的电路符号、实物图及检测

电路符号及名称	实　物　图	检　　测
负极  正极 常见二极管	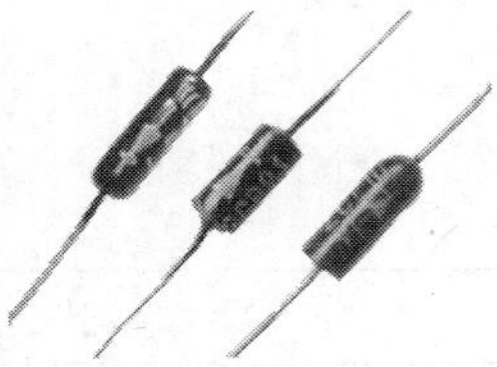 普通二极管 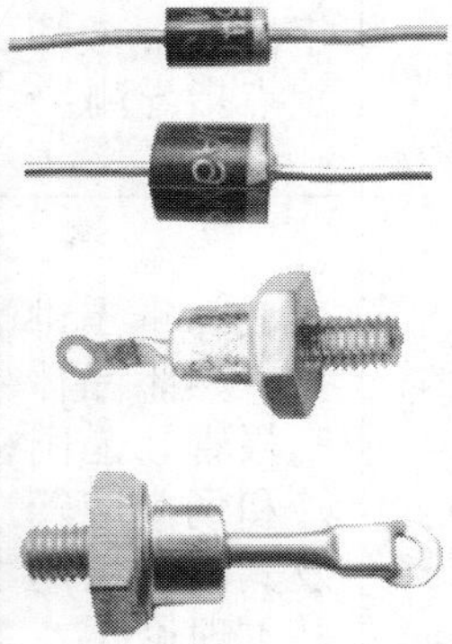 整流二极管  开关二极管	（1）极性的判别 　　将万用表置于 R×100 挡或 R×1k 挡，两表笔分别接二极管的两个电极，测出一个结果后，对调两表笔，再测出一个结果。两次测量的结果中，有一次测量出的阻值较小（为正向电阻，如图（a）所示），一次测量出的阻值较大（为反向电阻，如图（b）所示）。在阻值较小的一次测量中，黑表笔接的是二极管的正极，红表笔接的是二极管的负极。 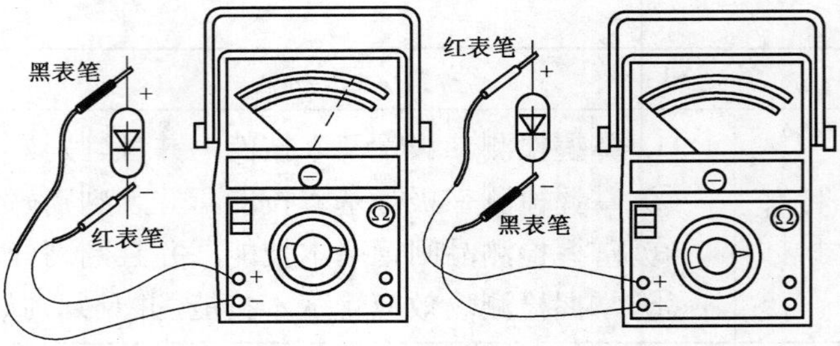 （a）　　　　　　　　（b） （2）单向导电性能的检测及好坏的判断 　　通常锗材料二极管的正向电阻值为 1kΩ 左右，反向电阻值为 500kΩ 左右。硅材料二极管的正向电阻值为 5kΩ 左右，反向电阻值为 ∞（无穷大）。正向电阻越小越好，反向电阻越大越好。正、反向电阻值相差越悬殊，说明二极管的单向导电特性越好。 　　若测得二极管的正、反向电阻值均接近 0 或阻值较小，则说明该二极管内部已击穿短路或漏电损坏。若测得二极管的正、反向电阻值均为无穷大，则说明该二极管已开路损坏。 （3）反向击穿电压的检测 　　二极管反向击穿电压（耐压值）可以用晶体管直流参数测试表测量。其方法是：测量二极管时，应将测试表的"NPN/PNP"选择键设置为 NPN 状态，再将被测二极管的正极接测试表的"C"插孔内，负极插入测试表的"e"插孔，然后按下"V"键，测试表即可指示出二极管的反向击穿电压值

电路符号及名称	实 物 图	检 测
整流桥		（1）全桥的检测 大多数的整流全桥上，均标注有"+"、"−"、"～"符号（其中"+"为整流后输出电压的正极，"−"为输出电压的负极，"～"为交流电压输入端），很容易确定出各电极。如电路符号及名称栏的图所示。 检测时，可通过分别测量"+"极与两个"～"极、"−"极与两个"～"极之间各整流二极管的正、反向电阻值（与普通二极管的测量方法相同）是否正常，即可判断该全桥是否已损坏。若测得全桥内侧4只二极管的正、反向电阻值均为0或均为无穷大，则可判断该二极管已击穿或开路损坏。 （2）半桥的检测 半桥是由两只整流二极管组成，通过用万用表分别测量半桥内部的两只二极管的正、反电阻值是否正常，即可判断出该半桥是否正常
稳压二极管	玻璃封装 金属封装	（1）正、负电极的判别 从外形上看，金属封装稳压二极管管体的正极一端为平面形，负极一端为半圆面形。玻璃封装稳压二极管管体上印有彩色标记的一端为负极，另一端为正极。对标志不清楚的稳压二极管，也可以用万用表判别其极性，测量的方法与普通二极管相同，即用万用表 R×1k 挡，将两表笔分别接稳压二极管的两个电极，测出一个结果后，再对调两表笔进行测量。在两次测量结果中，阻值较小的那一次，黑表笔接的是稳压二极管的正极，红表笔接的是稳压二极管的负极。 若测得稳压二极管的正、反向电阻均很小或均为无穷大，则说明该二极管已击穿或开路损坏。 （2）稳压值的测量 方法一：用 0～30V 连续可调直流电源，对于 13V 以下的稳压二极管，可将稳压电源的输出电压调至 15V，将电源正极串接一只 1.5kΩ 限流电阻后与被测稳压二极管的负极相连接，电源负极与稳压二极管的正极相接，再用万用表测量稳压二极管两端的电压值，所测的读数即为稳压二极管的稳压值。若稳压二极管的稳压值高于 15V，则应将稳压电源调至 20V 以上

电路符号及名称	实 物 图	检 测
		方法二：也可用低于 1000V 的兆欧表为稳压二极管提供测试电源。将兆欧表正端与稳压二极管的负极相接，兆欧表的负端与稳压二极管的正极相接后，按匀速摇动兆欧表手柄，同时用万用表监测稳压二极管两端电压值（万用表的电压挡应视稳定电压值的大小而定），待万用表的指示电压指示稳定时，此电压值便是稳压二极管的稳定电压值。 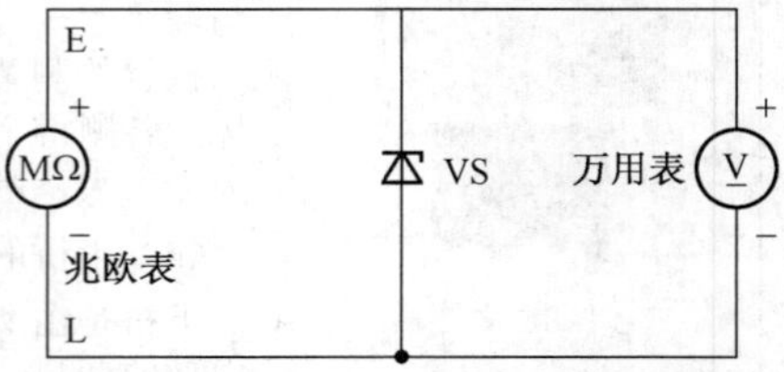 若测量稳压二极管的稳定电压值忽高忽低，则说明该二极管的性能不稳定
负极  正极 变容二极管		（1）正、负极的判别 　有的变容二极管的一端涂有黑色标记，这一端即是负极，而另一端为正极。还有的变容二极管的管壳两端分别涂有黄色环和红色环，红色环的一端为正极，黄色环的一端为负极。 　也可以用数字万用表的二极管挡，通过测量变容二极管的正、反向电压降来判断出其正、负极性。正常的变容二极管，在测量其正向电压降时，表的读数为 0.58～0.65V；测量其反向电压降时，表的读数显示为溢出符号"1"。在测量正向电压降时，红表笔接的是变容二极管的正极，黑表笔接的是变容二极管的负极。 （2）性能好坏的判断 　用指针式万用表的 R×10k 挡测量变容二极管的正、反向电阻值。正常的变容二极管，其正、反向电阻值均为无穷大。若被测变容二极管的正、反向电阻值均有一定阻值或均为 0，则该二极管漏电或击穿损坏
负极  正极 发光二极管	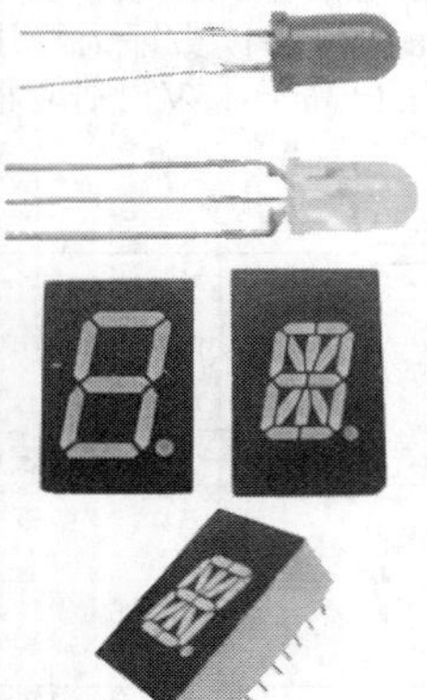	（1）正、负极的判别 　将发光二极管放在一个光源下，观察两个金属片的大小，通常金属片大的一端为负极，金属片小的一端为正极。 （2）性能好坏的判断 　用万用表 R×10k 挡，测量发光二极管的正、反向电阻值。正常时，正向电阻值（黑表笔接正极时）为 10～20kΩ，反向电阻值为 250kΩ 到无穷大。较高灵敏度的发光二极管，在测量正向电阻值时，管内会发微光。若用万用表 R×1k 挡测量发光二极管的正、反向电阻值，则会发现其正、反向电阻值均接近无穷大，这是因为发光二极管的正向压降大于 1.6V（高于万用表 R×1k 挡内电池的电压值 1.5V）的缘故。 　可用 3V 直流电源，在电源的正极串接一只 33Ω 电阻后接发光二极管的正极，将电源的负极接发光二极管的负极（如下图所示），正常的发光二极管应发光

续表

电路符号及名称	实 物 图	检 测
	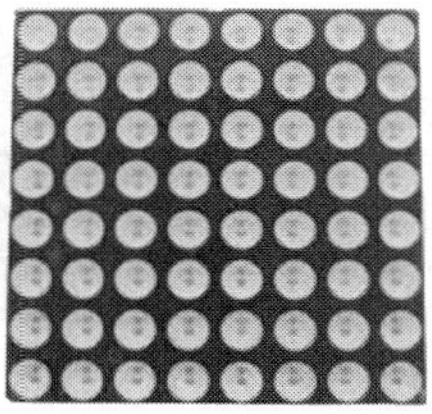	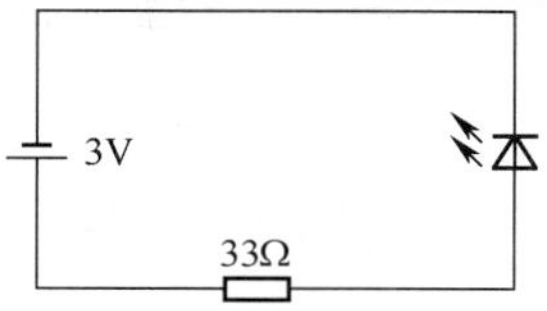 用电源检测发光二极管 或将一节 1.5V 电池串接在万用表的黑表笔（将万用表置于 R×10 挡或 R×100 挡，黑表笔接电池负极，等于与表内的 1.5V 电池串联），将电池的正极接发光二极管的正极，红表笔接发光二极管的负极，正常的发光二极管应发光
负极  正极 光电二极管		（1）电阻测量法 用黑纸或黑布遮住光电二极管的光信号接收头，然后用万用表 R×1k 挡测量光电二极管的正、反向电阻值。正常时，正向电阻值为 10～20kΩ，反向电阻值为无穷大。若测得正、反向电阻值均很小或均为无穷大，则该光电二极管漏电或开路损坏。 再去掉黑纸或黑布，使光源对准光电二极管的光信号接收头，然后观察其正、反向电阻值的变化。正常时，正、反向电阻值均应变小，阻值变化越大，说明该光电二极管的灵敏度越高。 （2）电压测量法 将万用表置于 1V 直流电压挡，黑表笔接光电二极管的负极，红表笔接光电二极管的正极，将光电二极管的光信号接收窗口对准光源。正常时应有 0.2～0.4V 电压（其电压与光照强度成正比）。 （3）电流测量法 将万用表置于 50μA 或 500μA 电流挡，红表笔接正极，黑表笔接负极，正常的光电二极管在白炽灯光下，随着光照强度的增加，其电流从几微安增大至几百微安
 双向触发二极管		（1）正、反向电阻值的测量 用万用表 R×1k 挡或 R×10k 挡，测量双向触发二极管正、反向电阻值。正常时其正、反向电阻值均应为无穷大。若测得正、反向电阻值均很小或为 0，则说明该二极管已被击穿损坏。 （2）测量转折电压 如下图所示用 0～50V 连续可调直流电源，将电源的正极串接在一只 20kΩ 电阻器后与双向触发二极管的一端相接，将电源的负极串接万用表电流挡（将其置于 1mA 挡）后与双向触发二极管的另一端相接。逐渐增加电源电压，当电流表指针有较明显摆动时（几十微安以上），则说明此双向触发二极管已导通，此时电源的电压值即是双向触发二极管的转折电压 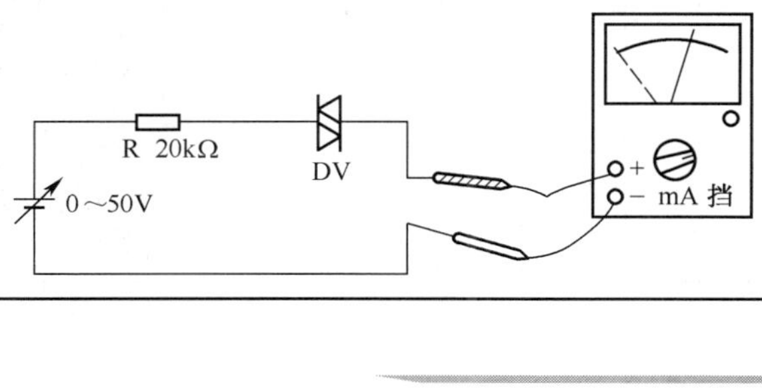

任务二　半导体（晶体）三极管的认知与检测

晶体三极管有 3 个电极，分别叫作基极 b、发射极 e 和集电极 c。晶体三极管的引脚排列有多种形式，在使用时一定要先检测引脚排列，避免装错，造成人为故障。

常见的三极管有金属封装和塑料封装等形式。常见的几种三极管的电路符号、实物图及检测如表 1-2 所示。

表 1-2　　　　　　　　常见的几种三极管的电路符号、实物图及检测

电路符号及名称	实　物　图	检　　测
 PNP 型三极管 NPN 型三极管	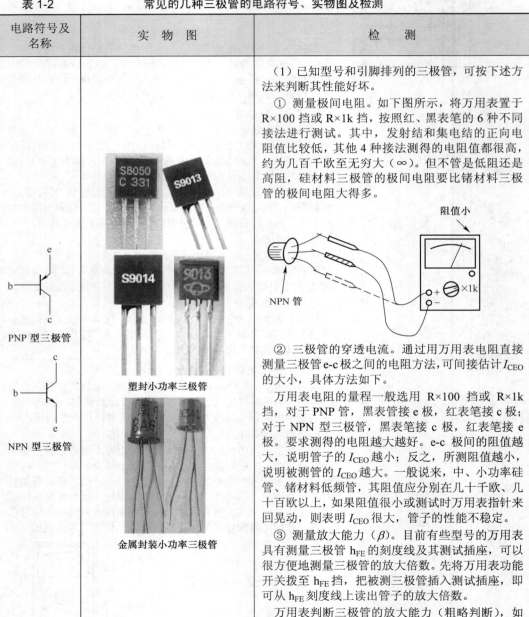 塑封小功率三极管 金属封装小功率三极管	（1）已知型号和引脚排列的三极管，可按下述方法来判断其性能好坏。 ① 测量极间电阻。如下图所示，将万用表置于 R×100 挡或 R×1k 挡，按照红、黑表笔的 6 种不同接法进行测试。其中，发射结和集电结的正向电阻值比较低，其他 4 种接法测得的电阻值都很高，约为几百千欧至无穷大（∞）。但不管是低阻还是高阻，硅材料三极管的极间电阻要比锗材料三极管的极间电阻大得多。 ② 三极管的穿透电流。通过用万用表电阻直接测量三极管 e-c 极之间的电阻方法，可间接估计 I_{CEO} 的大小，具体方法如下。 万用表电阻的量程一般选用 R×100 挡或 R×1k 挡，对于 PNP 管，黑表管接 e 极，红表笔接 c 极；对于 NPN 型三极管，黑表笔接 c 极，红表笔接 e 极。要求测得的电阻越大越好。e-c 极间的阻值越大，说明管子的 I_{CEO} 越小；反之，所测阻值越小，说明被测管的 I_{CEO} 越大。一般说来，中、小功率硅管、锗材料低频管，其阻值应分别在几十千欧、几十百欧以上，如果阻值很小或测试时万用表指针来回晃动，则表明 I_{CEO} 很大，管子的性能不稳定。 ③ 测量放大能力（β）。目前有些型号的万用表具有测量三极管 h_{FE} 的刻度线及其测试插座，可以很方便地测量三极管的放大倍数。先将万用表功能开关拨至 h_{FE} 挡，把被测三极管插入测试插座，即可从 h_{FE} 刻度线上读出管子的放大倍数。 万用表判断三极管的放大能力（粗略判断），如下图所示

续表

电路符号及名称	实 物 图	检 测
	塑封小功率三极管 金属封装小功率三极管	食指触摸基极　NPN管　表针向右摆动 b c e 黑表笔　红表笔　×1k 　有些型号的中、小功率三极管，生产厂家（国内）直接在其管壳顶部标示出不同色点来表明管子的放大倍数 β 值，其颜色和 β 值的对应关系如下表所示，但要注意，各厂家所用色标并不一定完全相同。 （见下表）

颜　色	白	灰	黄	绿	红
β 值范围	10～20	30～50	50～100	100～150	150～200

（2）检测判别电极

① 判定基极。用万用表 R×100 挡或 R×1k 挡测量三极管 3 个电极中每两个电极之间的正、反向电阻值。当用第一根表笔接某一电极，而第二表笔先后接触另外两个电极均测得低阻值时，则第一根表笔所接的那个电极即为基极 b。这时，要注意万用表表笔的极性，如果红表笔接的是基极 b，黑表笔分别接在其他两极时，测得的阻值都较小，则可判定被测三极管为 PNP 型管；如果黑表笔接的是基极 b，红表笔分别接触其他两极时，测得的阻值较小，则被测三极管为 NPN 型管。

② 判定集电极 c 和发射极 e。（以 PNP 为例）将万用表置于 R×100 挡或 R×1k 挡，红表笔接触基极 b，用黑表笔分别接触另外两个引脚时，所测得的两个电阻值会一个大一些，一个小一些。当黑表笔接触某一引脚，测得阻值较小时，其所接引脚为集电极；当黑表笔接触某一引脚，测得阻值较大时，其所接引脚为发射极。

（3）判别高频管与低频管

高频管的截止频率大于 3MHz，而低频管的截止频率则小于 3MHz，一般情况下，两者是不能互换的。

（4）在路电压检测判断法

在实际应用中，中、小功率三极管多直接焊接在印制电路板上，由于元件的安装密度大，拆卸比较麻烦，所以在检测时常常通过用万用表直流电压挡，去测量被测三极管各引脚的电压值，来推断其工作是否正常，进而判断其好坏

电路符号及名称	实 物 图	检 测
 光敏三极管	 光敏三极管 型号：3DU5B（NPN）	光敏三极管具有两个 PN 结，其基本原理与二极管相同；但它把光信号变成电信号的同时，还放大了信号电流，因此具有更高的灵敏度，一般光敏三极管的基极已在管内连接，只有 c 和 e 两根引出线（也有将基极或引出的）。 　光敏管分有硅管和锗管，如：2AU（光敏二极管）、3AU（光敏三极管）等是锗管；2CU、2DU、3CU、3DU 等是硅管。 　在使用光敏管时，不能从外型来区别是二极管还是三极管，只能由型号来判定
 PNP 型三极管 NPN 型三极管 大功率三极管		用万用表检测中、小功率三极管的极性、管型及性能的各种方法，对检测大功率三极管来说基本上适用。但是，由于大功率三极管的工作电流比较大，因而其 PN 结的面积也较大。PN 结较厚，其反向饱和电流也必然增大。所以，若像测量中、小功率三极管极间电阻那样，使用万用表的 R×1k 挡测量，测得的电阻值必然很小，好像极间短路一样，所以通常使用 R×10 挡或 R×1 挡检测大功率三极管
 NPN 型三极管 带阻尼行输出三极管实物图	 带阻尼行输出三极管实物图	将万用表置于 R×1 挡，通过单独测量带阻尼行输出三极管各电极之间的电阻值，即可判断其是否正常。具体测试原理、方法及步骤如下： 　① 将红表笔接 e，黑表笔接 b，此时相当于测量大功率管 b-e 结的等效二极管与保护电阻 R 并联后的阻值，由于等效二极管的正向电阻较小，而保护电阻 R 的阻值一般也仅有 20～50Ω，所以，两者并联后的阻值也较小；反之，将表笔对调，即红表笔接 b，黑表笔接 e，则测得的是大功率管 b-e 结等效二极管的反向电阻值与保护电阻 R 的并联阻值，由于等效二极管反向电阻值较大，所以，此时测得的阻值即是保护电阻 R 的值，此值仍然较小。 　② 将红表笔接 c，黑表笔接 b，此时相当于测量管内大功率管 b-c 结等效二极管的正向电阻，一般测得的阻值也较小；将红、黑表笔对调，即将红表笔接 b，黑表笔接 c，则相当于测量管内大功率管 b-c 结等效二极管的反向电阻，测得的阻值通常为无穷大。 　③ 将红表笔接 e，黑表笔接 c，相当于测量管内阻尼二极管的反向电阻，测得的阻值一般都较大，为 300kΩ到无穷大；将红、黑表笔对调，即红表笔接 c，黑表笔接 e，则相当于测量管内阻尼二极管的正向电阻，测得的阻值一般都较小，为几欧至几十欧

续表

电路符号及名称	实 物 图	检 测
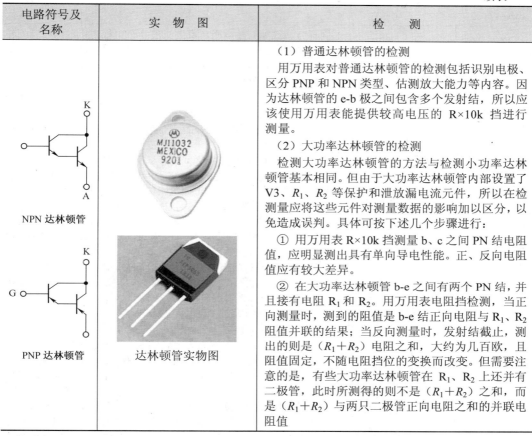 NPN 达林顿管 PNP 达林顿管 达林顿管实物图		（1）普通达林顿管的检测 　　用万用表对普通达林顿管的检测包括识别电极、区分 PNP 和 NPN 类型、估测放大能力等内容。因为达林顿管的 e-b 极之间包含多个发射结，所以应该使用万用表能提供较高电压的 R×10k 挡进行测量。 （2）大功率达林顿管的检测 　　检测大功率达林顿管的方法与检测小功率达林顿管基本相同。但由于大功率达林顿管内部设置了 V3、R_1、R_2 等保护和泄放漏电流元件，所以在检测量应将这些元件对测量数据的影响加以区分，以免造成误判。具体可按下述几个步骤进行： 　　① 用万用表 R×10k 挡测量 b、c 之间 PN 结电阻值，应明显测出具有单向导电性能。正、反向电阻值应有较大差异。 　　② 在大功率达林顿管 b-e 之间有两个 PN 结，并且接有电阻 R_1 和 R_2。用万用表电阻挡检测，当正向测量时，测到的阻值是 b-e 结正向电阻与 R_1、R_2 阻值并联的结果；当反向测量时，发射结截止，测出的则是（R_1+R_2）电阻之和，大约为几百欧，且阻值固定，不随电阻挡位的变换而改变。但需要注意的是，有些大功率达林顿管在 R_1、R_2 上还并有二极管，此时所测得的则不是（R_1+R_2）之和，而是（R_1+R_2）与两只二极管正向电阻之和的并联电阻值

任务三　半导体晶闸管的认知与检测

　　晶闸管有单向和双向两种，在单向晶闸管中，3 个引脚分别叫阳极 A、阴极 K 和控制极 G；在双向晶闸管中，3 个引脚分别叫主电极 T_1、主电极 T_2 和控制极 G。常见的几种晶闸管的电路符号、实物图及检测如表 1-3 所示。

表 1-3　　　　　　　　　　常见的几种晶闸管的电路符号、实物图及检测

电路符号	实 物 图	检 测
A G K 单向晶闸管		（1）判别各电极 　　根据普通晶闸管的结构可知，其门极 G 与阴极 K 之间为一个 PN 结，具有单向导电特性，而阳极 A 与门极之间有两个反极性串联的 PN 结。因此，通过用万用表 R×100A 挡或 R×1k 挡测量普通晶闸管各引脚之间的电阻值，即能确定 3 个电极。 　　具体方法是：将万用表黑表笔任接晶闸管某一极，红表笔依次去触碰另外两个电极。若测量结果有一次阻值为几千欧姆（kΩ），而另一次阻值为几百欧姆（Ω），则可判定黑表笔接的是门极 G。在阻值为几百欧姆的测量中，红表笔接的是阴极 K，而在阻值为几千欧姆的那次测量中，红表笔接的是阳极 A，若两次测出的阻值均很大，则说明黑表笔接的不是门极 G，应用

电路符号	实 物 图	检 测
		同样方法改测其他电极，直到找出 3 个电极为止。也可以测任两脚之间的正、反向电阻，若正、反向电阻均接近无穷大，则两极即为阳极 A 和阴极 K，而另一脚即为门极 G。 （2）判断其好坏 用万用表 R×1k 挡测量普通晶体管阳极 A 与阴极 K 之间的正、反向电阻，正常时均应为无穷大（∞），若测得 A、K 之间的正、反向电阻值为零或阻值较小，则说明晶闸管内部击穿短路或漏电。 测量门极 G 与阴极 K 之间的正、反向电阻值，正常时应有类似二极管的正、反向电阻值（实际测量结果较普通二极管的正、反向电阻值小一些），即正向电阻值较小（小于 2 $k\Omega$），反向电阻值较大（大于 80 $k\Omega$）。若两次测量的电阻值均很大或均很小，则说明该晶闸管 G、K 极之间开路或短路。若正、反电阻值均相等或接近，则说明该晶闸管已失效，其 G、K 极间 PN 结已失去单向导电作用。 测量阳极 A 与门极 G 之间的正、反向电阻，正常时两个阻值均应为几百千欧姆（$k\Omega$）或无穷大，若出现正、反向电阻值不一样（有类似二极管的单向导电），则是 G、A 极之间反向串联的两个 PN 结中的一个已击穿短路。 （3）触发能力检测 对于小功率（工作电流为 5A 以下）的普通晶闸管，可用万用表 R×1 挡测量。测量时黑表笔接阳极 A，红表笔接阴极 K，此时表针不动，显示阻值为无穷大（∞）。用镊子或导线将晶闸管的阳极 A 与门极 G 短路，相当于给 G 极加上正向触发电压，此时若电阻值为几欧姆至几十欧姆（具体阻值根据晶闸管的型号不同会有所差异），则表明晶闸管因正向触发而导通。再断开 A 极与 G 极的连接（A、K 极上的表笔不动，只将 G 极的触发电压断掉），若表针示值仍保持在几欧姆至几十欧姆的位置不动，则说明此晶闸管的触发性能良好
T_2 G T_1 双向晶闸管		（1）判别各电极 用万用表 R×1 挡或 R×10 挡分别测量双向晶闸管 3 个引脚间的正、反向电阻值，若测得某一引脚与其他两脚均不通，则此脚便是主电极 T_2。 找出 T_2 极之后，剩下的两脚便是主电极 T_1 和门极 G。测量这两脚之间的正反向电阻值，会测得两个均较小的电阻值。在电阻值较小（约几十欧姆）的一次测量中，黑表笔接的是主电极 T_1，红表笔接的是门极 G。

续表

电路符号	实 物 图	检 测
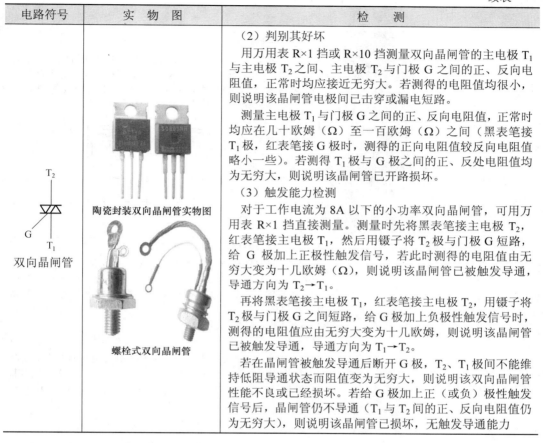（图中含：双向晶闸管电路符号，标注 T_2、G、T_1；"陶瓷封装双向晶闸管实物图"；"螺栓式双向晶闸管"实物图） 双向晶闸管		（2）判别其好坏 　　用万用表 R×1 挡或 R×10 挡测量双向晶闸管的主电极 T_1 与主电极 T_2 之间、主电极 T_2 与门极 G 之间的正、反向电阻值，正常时均应接近无穷大。若测得的电阻值均很小，则说明该晶闸管电极间已击穿或漏电短路。 　　测量主电极 T_1 与门极 G 之间的正、反向电阻值，正常时均应在几十欧姆（Ω）至一百欧姆（Ω）之间（黑表笔接 T_1 极，红表笔接 G 极时，测得的正向电阻值较反向电阻值略小一些）。若测得 T_1 极与 G 极之间的正、反处电阻值均为无穷大，则说明该晶闸管已开路损坏。 　　（3）触发能力检测 　　对于工作电流为 8A 以下的小功率双向晶闸管，可用万用表 R×1 挡直接测量。测量时先将黑表笔接主电极 T_2，红表笔接主电极 T_1，然后用镊子将 T_2 极与门极 G 短路，给 G 极加上正极性触发信号，若此时测得的电阻值由无穷大变为十几欧姆（Ω），则说明该晶闸管已被触发导通，导通方向为 $T_2 \rightarrow T_1$。 　　再将黑表笔接主电极 T_1，红表笔接主电极 T_2，用镊子将 T_2 极与门极 G 之间短路，给 G 极加上负极性触发信号时，测得的电阻值应由无穷大变为十几欧姆，则说明该晶闸管已被触发导通，导通方向为 $T_1 \rightarrow T_2$。 　　若在晶闸管被触发导通后断开 G 极，T_2、T_1 极间不能维持低阻导通状态而阻值变为无穷大，则说明该双向晶闸管性能不良或已经损坏。若给 G 极加上正（或负）极性触发信号后，晶闸管仍不导通（T_1 与 T_2 间的正、反向电阻值仍为无穷大），则说明该晶闸管已损坏，无触发导通能力

任务四　半导体场效应管的认知与检测

　　根据结构和工作原理不同，场效应管可分为结型（JFET）和绝缘栅型（MOSFET）两大类型。它们有 3 个引脚，分别叫漏极 D、源极 S 和栅极 G。常见的几种场效应管的电路符号、实物图及检测如表 1-4 所示。

表 1-4　　　　　　　常见的几种场效应管的电路符号、实物图及检测

电路符号及名称	实 物 图	检 测
（图中含：N 沟道结型场效应管电路符号，标注 D、G、S） N 沟道结型	（实物图及万用表检测示意图，标注"结型场效应管"、"×1k"）	（1）结型场效应管引脚的判别 　　检测结型场效应管时，万用表置于 R×1k 挡，用两表笔分别测量每两个引脚间的正、反向电阻。当某两个引脚间的正、反向电阻相等，均为 3～10kΩ 时，则这两个引脚为漏极 D 和源极 S（可互换），余下的一个引脚即为栅极 G。

电路符号及名称	实 物 图	检 测
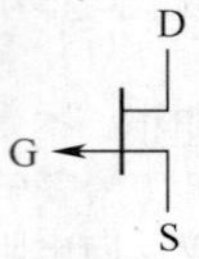 P 沟道结型 结型场效应管	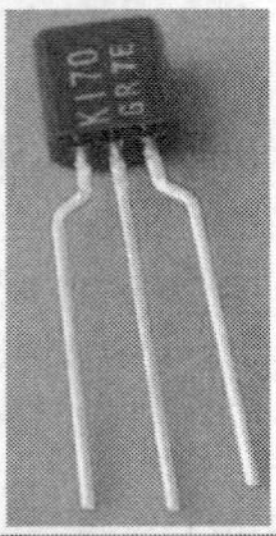 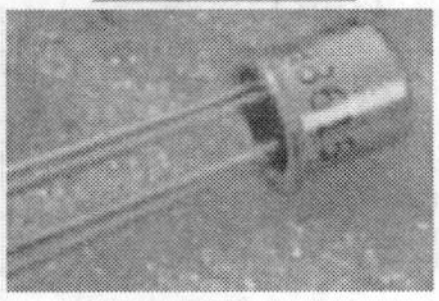	（2）估测结型场效应管的放大能力 　　万用表置于 R×100 挡，两表笔分别接漏极 D 和源极 S，然后用手捏住栅极 G（注入人体感应电压），表针应向左或向右摆动。表针摆动幅度越大说明场效应管的放大能力越大。如果表针不动，说明该管已坏 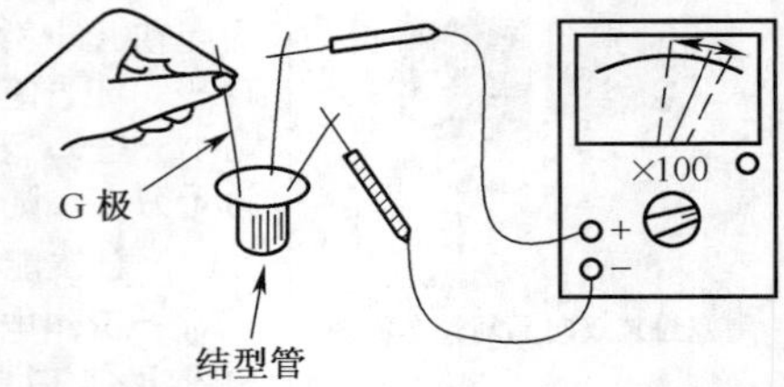
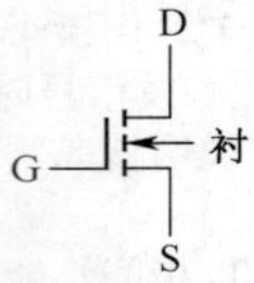 增强型 N 沟道 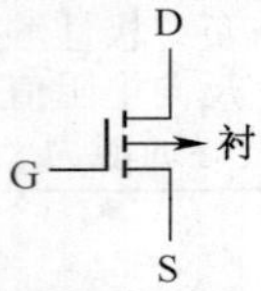 增强型 P 沟道 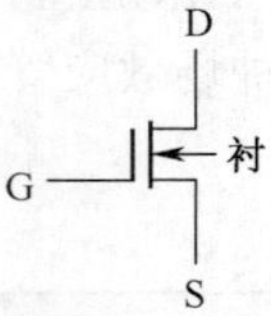 耗尽型 N 沟道 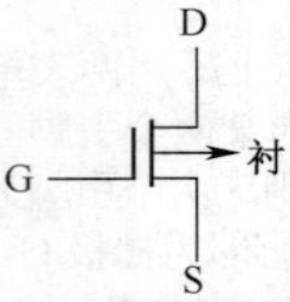 耗尽型 P 沟道 绝缘栅形场效应管	 	（1）判定栅极 G 　　将万用表拨至 R×1k 挡分别测量 3 个引脚之间的电阻。若发现某脚与其他两脚的电阻均呈无穷大，并且交换表笔后仍为无穷大，则证明此脚为 G 极，因为它和另外两个引脚是绝缘的。 （2）判定源极 S、漏极 D 　　在源—漏之间有一个 PN 结，因此根据 PN 结正、反向电阻存在差异，可识别 S 极与 D 极。用交换表笔法测两次电阻，其中电阻值较低（一般为几千欧至十几千欧）的一次为正向电阻，此时黑表笔的是 S 极，红表笔接 D 极，如下图所示。 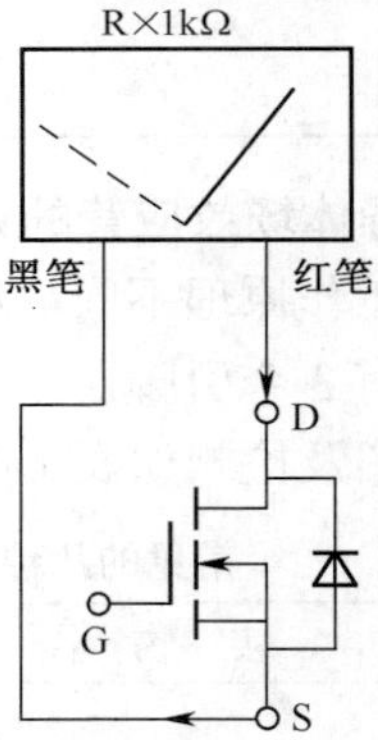 （3）测量漏—源通态电阻 RDS（on） 　　将 G—S 极短路，选择万用表的 R×1 挡，黑表笔接 S 极，红表笔接 D 极，阻值应为几欧至十几欧。 　　由于测试条件不同，测出的 RDS（on）值比手册中给出的典型值要高一些。例如用 500 型万用表 R×1 挡实测一只 IRFPC50 型 VMOS 管，RDS（on）=3.2W，大于 0.58W（典型值）。 （4）检查跨导 　　将万用表置于 R×1k（或 R×100）挡，红表笔接 S 极，黑表笔接 D 极，手持螺丝刀去碰触栅极，表针应有明显偏转，偏转愈大，管子的跨导愈高

二、项目基本知识

知识点一　二极管的基本知识

1. 二极管的伏安曲线

定义：用纵坐标表示电流 I、横坐标表示电压 U，加在二极管的 PN 结两端的电压和流过电流之间的关系曲线，称为二极管的伏安特性曲线，如图 1-1 所示。

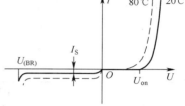

正向特性：$U>0$ 的部分称为正向特性。

反向特性：$U<0$ 的部分称为反向特性。

反向击穿：当反向电压超过一定数值 U_{BR} 后，反向电流急剧增加，称之反向击穿。

图 1-1　二极管的伏安曲线

2. 晶体二极管的主要参数

二极管的参数很多。二极管的主要技术参数如表 1-5 所示。

表 1-5　　　　　　　　　　　　　　　　晶体二极管的主要参数

技术参数名称	表示方法	定　义	选用思路及说明
最大整流电流	I_F	是指在长期连续工作保证管子不损坏的前提下，二极管允许通过的最大正向电流，对于交流电，就是二极管允许通过的最大半波电流平均值	在实际应用中，最大整流电流一般应大于电路电流 2 倍以上，以保证管子在应用中不被烧毁
反向电流	I_R	PN 结加反向电压时导通的电流。下图所示是测量 I_R 所用电路	反向电流参数反映二极管的单向导电性能的好坏。一般反向电流 I_R 越小越好。硅二极管的反向电流一般小于锗二极管的反向电流
反向击穿电压	U_{BR}	使二极管反向电流开始急剧增加的反向电压称为反向击穿电压。下图所示为二极管的反向特性及反向击穿电压	除稳压二极管外，为保证二极管正常工作，其两端的反向电压应小于 U_{BR} 的 1/2
最大反向工作电压	U_R	最大反向工作电压是指二极管的所有参数不超过允许值时（即不被击穿），允许加的最大反向电压	为安全考虑，在实际工作时，最大反向工作电压 U_R 一般只按反向击穿电压 U_{BR} 的 1/2 计算

续表

技术参数名称	表示方法	定　义	选用思路及说明
正向压降	U_F	在规定的正向电流下，二极管的正向电压降。下图所示是测量 U_F 所用电路	小电流硅二极管的正向压降在中等电流水平下为 0.6～0.8V；锗二极管为 0.2～0.3 V
结电容	C_J	当 PN 结加反向电压时，P 区积累负电荷，N 区积累正电荷，即构成一个已储存电荷的电容器。结电容是指该电容器的等效电容	在高频运用时必须考虑结电容的影响
最高工作频率	f_M	二极管能正常工作的最高频率。它主要取决于 PN 结结电容的大小	如果信号频率超过 f_M，二极管的单向导电性将变差，甚至不复存在。选用二极管时，必须使它的工作频率低于最高工作频率

知识点二　三极管的基本知识

1. 三极管的工作原理

三极管是一种电流控制器件，以共发射极接法为例（信号从基极输入，从集电极输出，发射极接地），当基极电压 U_B 有一个微小的变化时，基极电流 I_B 也会随之有一个小的变化，集电极电流 I_C 受基极电流 I_B 的控制会有一个很大的变化。基极电流 I_B 越大，集电极电流 I_C 也越大；反之，基极电流越小，集电极电流也越小，即基极电流控制集电极电流的变化。但是集电极电流的变化比基极电流的变化大得多，这就是三极管的放大作用，如图 1-2 所示。

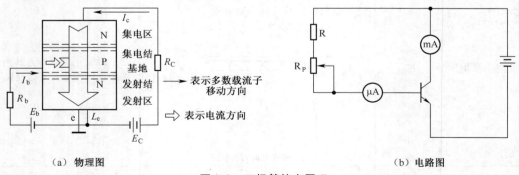

（a）物理图　　　　　　　　　　　　　　　　（b）电路图

图 1-2　三极管放大原理

I_C 的变化量与 I_B 变化量之比叫做三极管的放大倍数 β（$\beta = \Delta I_C / \Delta I_B$，$\Delta$ 表示变化量），三极管的放大倍数 β 一般为几十到几百倍。

三极管在放大信号时，首先要进入导通状态，即要先建立合适的静态工作点，也叫建立偏置，否则会放大失真。

有关三极管的其他问题，请参考有关书籍。

2．晶体三极管的主要参数

三极管参数是反映三极管各种性能的指标数值，是放大电路分析和设计时要参考的数据，也是选用三极管的依据，因此，必须了解三极管参数。三极管的主要技术参数如表 1-6 所示。

表 1-6　　　　　　　　　　　　　　　晶体三极管的主要参数

技术参数名称		表示方法	定　义	选用思路及说明
电流参数	共发射极电流放大系数	β	三极管共射极连接且 U_{CE} 恒定时，集电极电流变化量 ΔI_C 与基极电流变化量 ΔI_B 之比	管子的 β 值太小时，放大作用差；β 值太大时，工作性能不稳定。因此，一般选用 β 为 30～80 的管子
	集电极最大允许电流	I_{CM}	三极管参数变化不超过允许值时允许通过的最大电流	是三极管的一项安全参数。三极管在应用中 c 极电流绝对不能超过 I_{CM}
	集电结反向饱和电流	I_{CBO}	指发射极开路，在集电极与基极之间加上一定的反向电压时，流过集电结的反向电流。下图所示是测量 I_{CBO} 所用电路 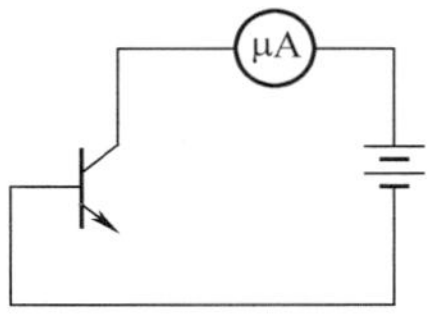	在一定温度下，I_{CBO} 是一个常量。随着温度的升高 I_{CBO} 将增大，它是三极管工作不稳定的主要因素。在相同环境温度下，硅管的 I_{CBO} 比锗管的 I_{CBO} 小得多
	c-e 极穿透电流	I_{CEO}	指基极开路，集电极与发射极之间加一定反向电压时，c-e 极间导通的电流。下图所示是测量 I_{CEO} 所用电路 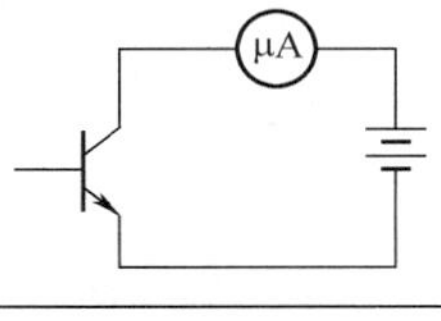	I_{CEO} 的值越小，三极管工作越稳定，质量越好。I_{CEO} 和 I_{CBO} 一样，也是衡量三极管热稳定性的重要参数
	发射结反向饱和电流	I_{EBO}	指集电极开路，发射结加规定电压时，流过发射结的反向电流。下图所示是测量 I_{EBO} 所用电路 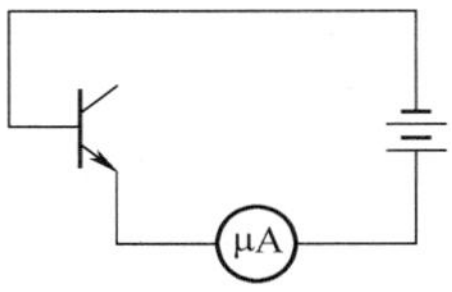	发射结反向饱和电流 I_{EBO} 也是评价三极管好坏的一项参数

续表

技术参数名称		表示方法	定　义	选用思路及说明
电压参数	发射结反向击穿电压	U_{EBO}	指集电极开路,发射结反向击穿时,发射极、基极加的反向电压	应用中,发射结加的反向电压应小于 U_{EBO} 值,否则将击穿损坏三极管
	集电结反向击穿电压	U_{CBO}	指发射极开路,集电结反向击穿时,集电结间所加的电压	任何时候,加在集电结间的反向电压均不应超过 U_{CBO} 值,否则将击穿损坏三极管
	c-e 极击穿电压	U_M	当 c-e 极电压高到一定值时,集电极电流 I_C 就会急剧增大而将管子烧毁,这种现象叫击穿,能使 c-e 极击穿的电压就叫作三极管 c-e 极击穿电压	为了保障三极管的安全,在使用时加在 c-e 极的电压不应超过 U_M,否则将击穿损坏三极管
频率参数	共发射极截止频率	f_β	当 β 值下降到中频段 β_0 的 0.707 倍时,所对应的频率	
	特征频率	f_T	指三极管共发射极电流放大系数 β 降到 1 时的频率。下图所示是三极管的 β-f 频率特性曲线,图中表示出了 f_β 和 f_T 两个参数 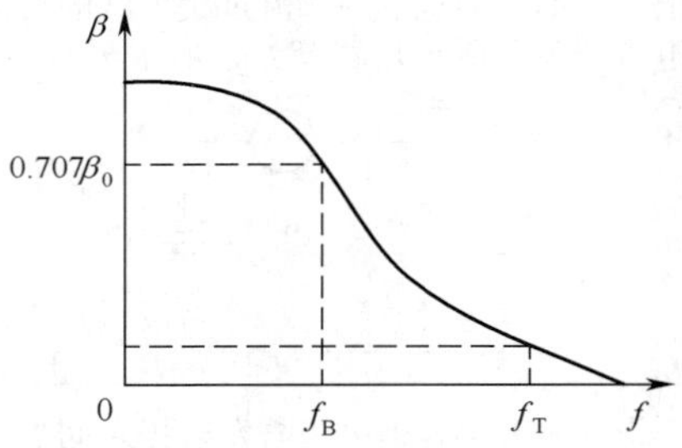 	当信号频率升高到 f_T 时,β 降至 1,三极管失去放大能力。因此,特征频率 f_T 参数可以作为三极管的极限频率
	最高振荡频率	f_M	是指功率放大倍数等于 1 时的信号频率	如果信号频率等于或高于极限频率 f_M,信号功率就得不到放大。应用中,信号频率不应大于 f_M 的 1/3
功率参数	集电极最大允许耗散功率	P_{CM}	使三极管将要烧毁而尚未烧毁的消耗功率,就称为集电极最大允许耗散功率	若实际耗散功率大于允许的 P_{CM} 值,三极管就会被烧坏,应用中应小于 P_{CM}

知识点三　晶闸管的基本知识

晶闸管又叫可控硅(Silicon Controlled Rectifier, SCR)。自从 20 世纪 50 年代问世以来已经发展成了一个大的家族,它的主要成员有单向晶闸管、双向晶闸管、光控晶闸管、逆导晶闸管、可关断晶闸管、快速晶闸管等。以下介绍的是单向晶闸管,也就是人们常说的普通晶闸管。

1．晶闸管的伏安特性

（1）晶闸管的特性

晶闸管的伏安特性是晶闸管阳极与阴极间电压 U_{AK} 和晶闸管阳极电流 I_A 之间的关系特性。晶闸管的伏安特性如图 1-3 所示。

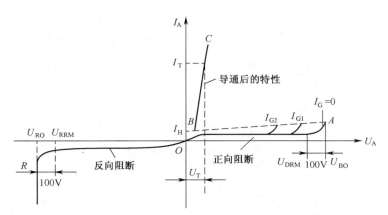

图 1-3　晶闸管的伏安特性曲线

① 反向特性。

当控制极开路，阳极加上反向电压时，此时只能流过很小的反向饱和电流，当电压进一步提高到雪崩击穿电压后，电流迅速增加，图 1-3 的特性曲线开始弯曲，如特性 OR 段所示，弯曲处的电压 U_{RO} 叫"反向转折电压"。此时，可控硅会发生永久性反向击穿。

② 正向特性和负阻特性。

当控制极开路，阳极上加上正向电压时，这与普通 PN 结的反向特性相似，也只能流过很小电流，这叫正向阻断状态，当电压增加时，图 1-3 的特性发生了弯曲，如特性 OA 段所示，弯曲处的是 U_{BO} 叫正向转折电压。只要电流稍增加，电压便迅速下降，出现所谓负阻特性，如图 1-3 的虚线 AB 段所示。

（2）触发导通

在控制极 G 上加入正向电压时，阳极均加正向电压，在可控硅的内部正反馈作用的基础上，可控硅便进入正向导电状态——通态。此时，它的特性与普通的 PN 结正向特性相似，如图 1-3 中的 BC 段所示。

2．晶闸管的主要参数

晶闸管的主要参数，如表 1-7 所示。

表 1-7　　　　　　　　　　　　　　　　晶闸管的主要参数

技术参数名称	表示方法	定　义	选用思路及说明
正向阻断峰值电压	U_{DRM}	指晶闸管在正向阻断时，可重复加在 A-K 极间最大的正向峰值电压	如果加在 A-K 极的正向电压大于 U_{DRM}，晶闸管就会承受不了而被击穿损坏。使用中加在 A-K 极的正向电压应小于 U_{DRM}

续表

技术参数名称	表示方法	定义	选用思路及说明
反向阻断峰值电压	U_{RRM}	指反向阻断时，可重复加在晶闸管上的反向峰值电压	在实际应用中，选用 U_{RRM} 一定要大于交流电的反向峰值电压，才能保证晶闸管安全可靠地工作
额定正向平均电流	I_T	指在规定环境温度及标准散热条件下，晶闸管处于全导通时可以连续通过的最大工频正弦半波电流的平均值	在选择晶闸管时，通常选 I_T 应大于正常工作平均电流的 1.5～2 倍，以留有余地
控制极触发电压	U_{GT}	指在规定环境温度下，A-K 极间加一定正向电压时，能使晶闸管从阻断转变为导通所需的最小控制极正向电压	
控制极触发电流	I_{GT}	指在规定环境温度下，A-K 极间加一定正向电压时，能使晶闸管从阻断转变为导通所需的最小控制极正向电流	
维持电流	I_H	指在规定环境温度下，撤销触发电压后，能维持晶闸管导通的最小正向电流	例如 I_H=20mA，当导通电流小于 20 mA 时，晶闸管就会由导通状态转变为阻断状态

知识点四 场效应管的基本知识

场效应晶体管（Field Effect Transistor，FET）它属于电压控制型半导体器件，简称场效应管。由多数载流子参与导电，也称为单极型晶体管。

具有输入电阻高（10^8～$10^9\Omega$）、噪声小、功耗低、动态范围大、易于集成、没有二次击穿现象、安全工作区域宽等优点，现已成为功率晶体管的强大竞争者。

1．场效应管的伏安特性

（1）输出特性曲线

定义：输出特性表示在栅源电压一定的情况下，漏极电流 i_D 与漏源电压 u_{DS} 之间的关系，即

$$i_D = f(u_{DS})\big|u_{GS} = 常数$$

曲线如图 1-4 所示。

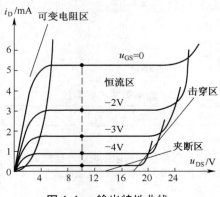

图 1-4　输出特性曲线

输出特性可以分为 4 个工作区。

① 恒流区（又称饱和区或放大区）：恒流区指中间平坦区域，它属于线性放大区，u_{DS} 增大到脱离可变电阻区，i_D 不随 u_{DS} 的增大而变化，i_D 趋向恒定值。在这个区域，i_D 只随 u_{GS} 的增大而增大。在该区域工作的场效应管，i_D 的大小只受 u_{GS} 的控制，表现出场效应管电压控制电流的放大作用。

特点：a. 受控性：输入电压 u_{GS} 控制输出电流 i_D。

$$i_D = I_{DSS}(1 - u_{GS}/U_P)^2$$

b. 恒流性：输出电流 i_D 基本不受输出电压 u_{DS} 的影响。

用途：可作为放大器和恒流源。

条件：a. 源端沟道未夹断 $|U_{GS}| < |U_P|$。

b. 漏端沟道予夹断 $|U_{DS}| > |U_{GS} - U_P|$。

② 可变电阻区：曲线拐弯点的连线与纵轴所夹区域。u_{DS} 较小，导电沟道畅通，D—S 之间相当于一个欧姆电阻，当 u_{GS} 不变，u_{DS} 从零增大，i_D 线性增大。u_{GS} 越大，曲线越陡，沟道电阻随 u_{GS} 大小而变，故称为可变电阻区，在这个区域场效应管是导通的，类似于晶体三极管的饱和区。

特点：a. 当 u_{GS} 为定值时，i_D 是 u_{DS} 的线性函数，管子的漏源间呈现为线性电阻，其阻值受 u_{GS} 控制。

b. 管压降 u_{DS} 很小。

用途：作为压控线性电阻和无触点的、接通状态的电子开关。

条件：源端与漏端沟道都不夹断，即

$$|U_{DS}| < |U_{GS} - U_P| ; \quad |U_{GS}| < |U_P|$$

③ 夹断区：靠近横轴 $u_{GS} < U_{GS\,(off)}$ 区域，此时电流 $i_D = 0$，场效应管呈现一个很大的电阻，这个区域类似晶体三极管的截止区。

特点：$i_D \approx 0$

用途：作为无触点的、断开状态的电子开关。

条件：整个沟道都夹断 $|U_{GS}| \geqslant |U_P|$。

④ 击穿区：u_{DS} 增大，i_D 突然加大，反向偏置的 PN 结超过承受极限而发生沟道击穿，u_{GS} 和 u_{DS} 失去对 i_D 的控制作用，若不加限制，场效应管会损坏。使用时一定要特别注意，u_{DS} 不可过大。

$$|U_{DS}| = U_{(BR)DS}$$

当漏源电压增大时，漏端 PN 结发生雪崩击穿，是 i_D 剧增的区域。其值一般为（20～50）V 之间。管子不能在击穿区工作。

（2）转移特性

由于结型管外加的是反偏电压，没有栅极电流，所以没有输入特性。漏极电流 i_D 与栅源电压 u_{GS} 的关系曲线称为转移特性。即

$$i_D = f(u_{GS})|U_{DS} = 常数$$

N 沟道结型管 u_{GS} 对 i_D 的控制规律如图 1-5（b）所示。

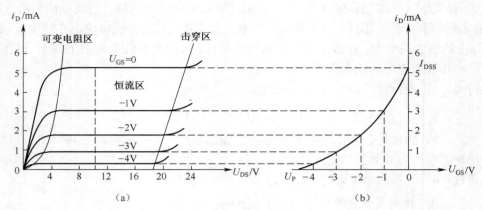

图 1-5　转移特性

当 u_{DS} 为确定值，u_{GS} 由零向负方向变化，i_D 将减小，$u_{GS}=U_{GS（off）}$，使 $i_D=0$，此电压便是夹断电压。当 $u_{GS}=0$ 时，漏极电流最大，称为饱和漏电流，用 I_{DSS} 表示。实验证明，在 $U_{GS（off）}<u_{GS}\leqslant 0$ 的范围内，漏极电流与栅极电压的关系近似为

$$i_D = I_{DSS}\left(1 - \frac{u_{GS}}{U_{GS(off)}}\right)$$

说明场效应管为非线性器件。

（3）各种场效应管的伏安特性

各种场效应管的伏安特性如表 1-8 所示。

表 1-8　　　　　　　　　各种场效应管的伏安特性

项目　　类别	电路符号	结　构　图	阈值电压	输出特性	转移特性
N 沟道			$U_D<0$		
P 沟道			$U_D>0$		
MOS 耗尽型单栅 N 沟道			$U_D<0$		

续表

项目 类别	电路符号	结 构 图	阈值电压	输出特性	转移特性
MOS 耗尽型单栅 P 沟道	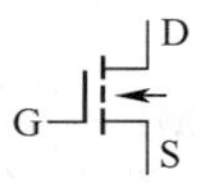	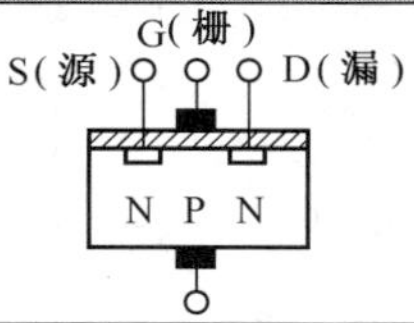 S(源) G(栅) D(漏) N P N	$U_D>0$	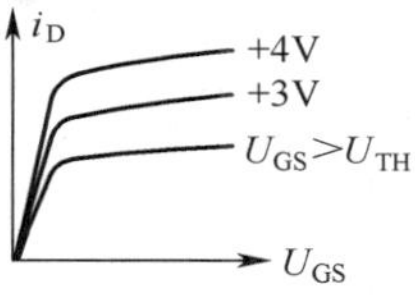	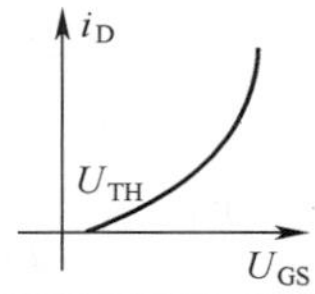
MOS 增强型单栅 N 沟道	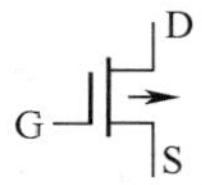	在 SO：绝缘层里掺有大量负离子 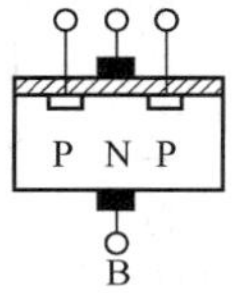 P N P B	$U_D>0$	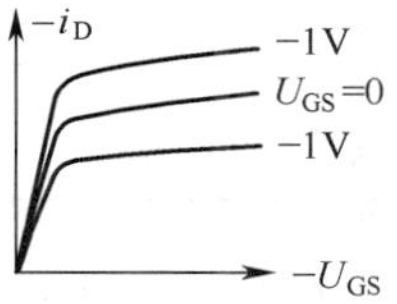	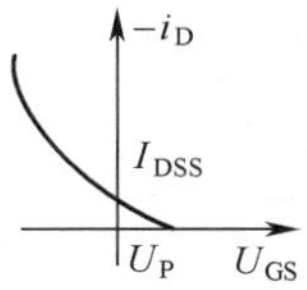
MOS 增强型单栅 P 沟道	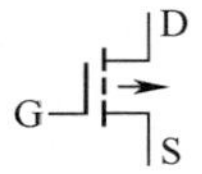	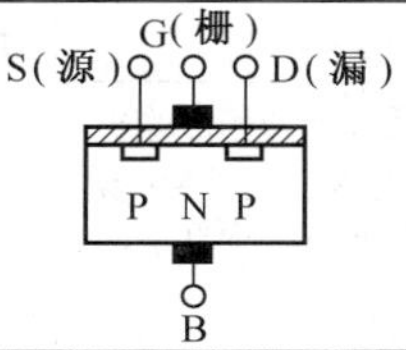 S(源) G(栅) D(漏) P N P B	$U_D<0$	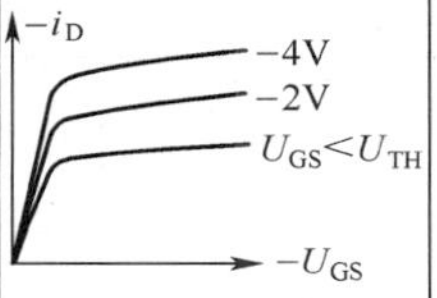	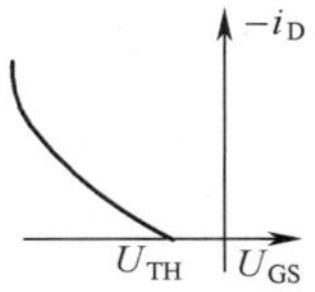

2. 场效应管的主要参数

场效应管的参数很多，包括直流参数、交流参数和极限参数。场效应管的主要参数如表 1-9 所示。

表 1-9　　　　　　　　　　　场效应管的主要参数

技术参数名称	表示方法	定　义	选用思路及说明
饱和漏源电流	I_{DSS}	指耗尽型场效应管 G-S 极短路，和 $U_{DS}>U_P$ 时的漏源电流。下图是测量 I_{DSS} 所用电路 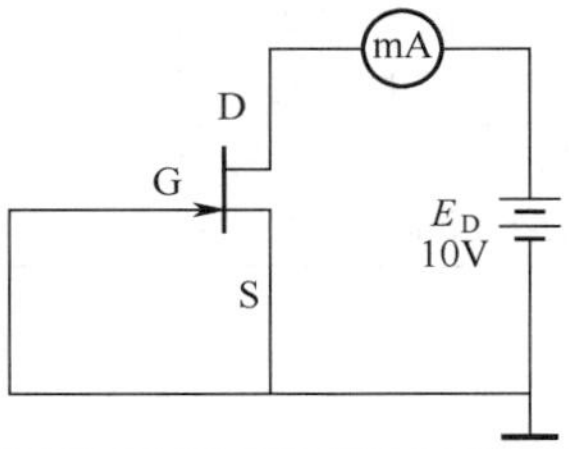 	常按饱和漏源电流对管子进行分挡，以便在实际中选用
夹断电压	U_P	指在 U_{DS} 一定的条件下，使 I_D 近似为零（小于 $10\mu A$）时的 U_{GS} 值。下图是测量 U_P 所用电路 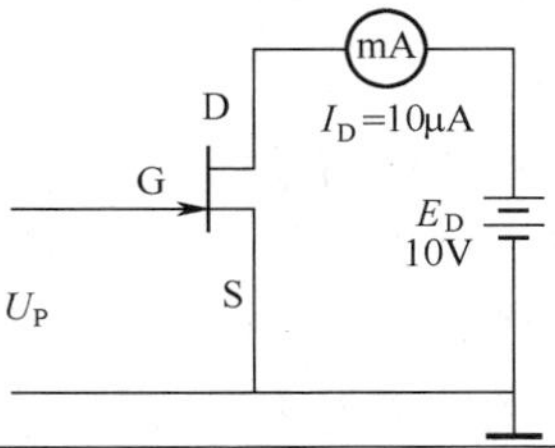 	夹断电压 U_P 对场效应管工作点的选择、饱和压降的确定非常重要，一般耗尽型场效应管都有这项参数，增强型场效应管没有这项参数

续表

技术参数名称	表示方法	定　义	选用思路及说明
开启电压	U_T	指增强型绝缘栅场效应管中，使漏源间刚导通时的栅极电压。下图是测量 U_T 所用电路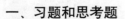	耗尽型场效应管不存在开启问题，故没有 U_T 这项参数
直流输入电阻	R_{GS}	指 D-S 极短路，G-S 极加规定极性电压 U_{GS} 时，G-S 极呈现的直流电阻值	结型场效应管的 R_{GS} 值一般在 $10^7\Omega$ 以上，MOS 管的 R_{GS} 值一般在 $10^9\Omega$ 以上
低频跨导	g_M	指在 D-S 极电压 U_{DS} 一定的条件下，D 极电流变化量 ΔI_D 与 G-S 极电压变化量 ΔU_{GS} 之比。下图是测量 g_M 所用电路	g_M 是衡量场效应管放大能力的重要参数
漏—源极击穿电压	BU_{DS}	指栅源电压 U_{GS} 一定时，场效应管正常工作所能承受的最大漏源电压	是场效应管很重要的一项极限参数，加在场效应管上的工作电压必须小于 BU_{DS}
最大漏源电流	I_{DSM}	指场效应管正常工作时，漏源间所允许通过的最大电流	场效应管的工作电流不应超过 I_{DSM}
最大耗散功率	P_{DSM}	指场效应管性能不变坏时所允许的最大漏源耗散功率	使用时，场效应管实际功耗应小于 P_{DSM} 并留有一定余量

项目学习评价

一、习题和思考题

① 二极管的主要特性是什么？

② 如何检测光电二极管？

③ 扼要写出判断二极管、三极管的方法。

④ 稳压二极管一般工作在什么区？

⑤ 简述双向触发二极管的检测。

⑥ 简述用万用表判断三极管的放大能力。

⑦ 如何检测单向晶闸管？

⑧ 如何检测双向晶闸管？

⑨ 估测结型场效应管的放大能力。

⑩ 如何检查场效应管的跨导？

二、自评、互评及教师评价

评价项目	项目评价内容	分值	自我评价	小组评价	教师评价	得分
实操技能	① 正确识别二极管及使用万用表检测和判别二极管的好坏	15				
	② 正确识别三极管及使用万用表检测和判别三极管的好坏	15				
	③ 正确识别晶闸管及使用万用表检测和判别晶闸管的好坏	15				
	④ 正确识别场效应管及使用万用表检测和判别场效应管的好坏	15				
理论知识	① 简述4种元器件伏安特性	10				
	② 简述4种元器件的主要参数	5				
安全文明生产	① 万用表的安全使用	5				
	② 元器件的摆放	5				
学习态度	① 出勤情况	5				
	② 实验室和课堂纪律	5				
	③ 团队协作精神	5				

三、个人学习总结

成功之处	
不足之处	
改进方法	

项目二 电子仪表仪器的使用

电子仪器仪表是用途十分广泛的测量仪器，是人们完成电子产品的生产与维修中的一双"眼睛"。低频信号发生器是为进行电子测量提供满足一定技术要求电信号的仪器设备。交流毫伏表可以测量频率范围很宽、电压值在毫伏级以下或者微伏级的交流电压。电子示波器（简称示波器）能够简便地显示各种电信号的波形，一切可以转化为电压的电学量和非电学量及它们随时间作周期性变化的过程都可以用示波器来观测。

✒ **项目学习目标**

	学 习 目 标	学 习 方 式	学 时
技能目标	① 掌握信号发生器的使用方法，学会用信号发生器调节不同频率、不同幅值电信号。 ② 掌握交流毫伏表的使用方法，学会用交流毫伏表测量各种电信号的电压。 ③ 了解示波器的面板与结构。 ④ 掌握示波器的使用方法，学会用示波器观察各种电信号的波形。	学生反复练习，教师重点辅导	3 课时
教学目标	① 掌握交流毫伏表的使用方法。 ② 掌握低频信号发生器的使用方法。 ③ 掌握示波器的使用方法。	教师重点讲解	3 课时

👊 **项目基本功**

一、项目基本技能

任务一 低频信号发生器的面板结构介绍

下面以 AT8602B 函数信号发生器（以下简称信号发生器）为例，介绍低频信号发生器的使用。这种仪器是一种精密的测量仪器，它可以连续地输出正弦波、矩形波和三角波 3 种波形，它的频率和幅度均可连续调节。

信号发生器能产生频率为 0.2Hz～2MHz 的正弦波、矩形波和三角波的信号电压。它的频率比较稳定，输出幅度可调。

1. 信号发生器面板结构的认识

信号发生器面板如图 2-1 所示。

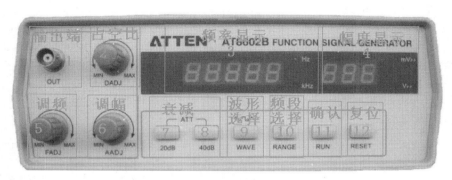

图 2-1　AT8602B 函数信号发生器面板

2. 信号发生器面板旋钮及按键功能

信号发生器的面板旋钮、按钮名称及功能如表 2-1 所示。

表 2-1　　　　　　　　　　　　面板旋钮、按钮名称及功能

旋钮、开关、数码显示	名　　称	功　　能
（1）	函数信号的输出端	输出信号的最大幅度为 20V（峰峰值）（1MΩ 负载）
（2）	占空比调节旋钮	函数波形占空比调节旋钮，调节范围 20%～80%
（3）	输出波形频率显示窗口	为 5 位 LED 数码管显示，单位为 Hz 或 kHz，分别由两个发光二极管显示
（4）	输出波形幅度显示窗口	为 3 位 LED 数码管显示，显示单位为 Vp-p 或 mVp-p，分别由两个发光二极管显示，显示值为空载时信号幅度的电压峰峰值，对于 50Ω 负载，数值应为显示值的 1/2
（5）	输出频率调节旋钮	对每挡频段内的频率进行微调

续表

旋钮、开关、数码显示	名　称	功　　能
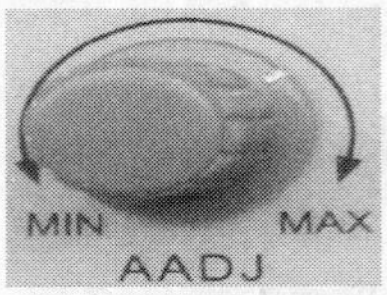 (6)	输出幅度调节旋钮	调节范围大于 20dB
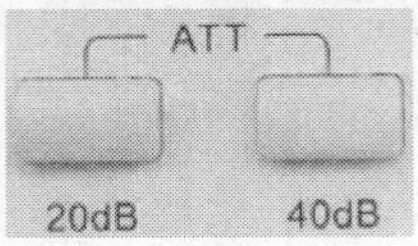 (7)、(8)	衰减按钮	20dB 的衰减、40dB 的衰减
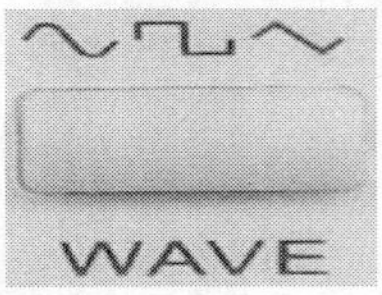 (9) WAVE	函数波形选择按钮	按下该按钮可由 5 位 LED 的最高位数码循环显示波形输出
 (10) RANGE	"频段"挡位选择按钮	由 5 位 LED 最后一位循环显示数码 1～7 个频段
 (11) RUN	"确认"按钮	当其他按钮已置位后按此按钮，本仪器即可开始运行，并出现选择的函数波形
 (12) RESET	"复位"按钮	当仪器发生出错时，按此按钮可复位重新开始工作

任务二　晶体管毫伏表的面板结构介绍

毫伏表是一种常用的低频电子交流电压表。测量交流电压时，自然会想到万用表。可是有许多交流电压用普通万用表却难以胜任电压测量。因为交流电的频率范围很宽，可高到数千兆赫兹的高频信号，低到零点几赫兹的低频信号。而万用表则以测 50～1000Hz 交流电的频率为标准进行设计生产的。其次，有些交流电的幅度很小，甚至可以小到微伏级，再高灵敏度的万用表也无法测量。还有，交流电的波形种类多，除了正弦波外，还有方波、锯齿波、三角波等，因此上述这些交流电压，必须用专门的电子电压表来测量。

例如 DA-16 型晶体管毫伏表（以下简称毫伏表）。它的电压测量范围为 $100\mu V\sim300V$，共分 11 挡量程，各挡量程上并列有分贝数（dB），可用于电平测量，被测电压的频率范围为 20Hz～1MHz，输入阻抗大于 $1M\Omega$。与普通万用表有些相似，由表头、刻度面板和量程转换开关等组成，不同的是它的输入线不像万用表那样的两支表笔，而用同轴屏蔽电缆，电缆的外层是接地线，其目的是为了减小外来感应电压的影响，电缆端接有两个鳄鱼夹子，用来作输入接线端。毫伏表的背面连着 220V 的工作电源线。

1．毫伏表面板结构的认识

毫伏表面板实物图和示意图如图 2-2 和图 2-3 所示。

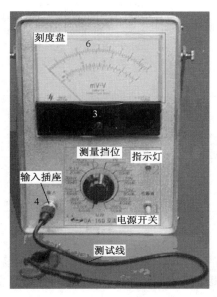

图 2-2　DA-16 型晶体管毫伏表

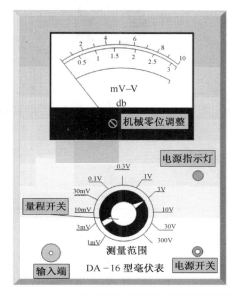

图 2-3　DA-16 型晶体管毫伏表面板示意图

2．毫伏表面板旋钮功能

毫伏表面板旋钮名称及功能如表 2-2 所示。

表 2-2　　　　　　　　毫伏表面板旋钮名称及功能

刻度盘、旋钮、开关	名　称	功　能
（1）	电源开关	开、关电源
（2）	指示灯	接通电源时指示灯亮
（3）	机械调零	未接通电源的情况下先进行机械调零。用螺丝刀调节表头上的机械零位螺丝，使表针指准零位
（4）	输入端	被测信号输入端

续表

刻度盘、旋钮、开关	名　称	功　能
（5） 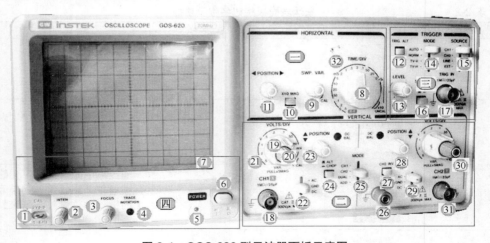 （量程开关图，测量范围）	量程开关	量程开关分 11 挡。当量程选 1mV、10mV、100mV、1V、10V、100V 挡，从第一条刻度读数；当量程开关分别选 3mV、30mV、300mV、3V、30V、300V 挡，从第二条刻度读数
（6）（毫伏表刻度盘图，第一条刻度线、第二条刻度线、第三条刻度线，mV－V，dB，0dB 1mW 600Ω）	毫伏表的刻度盘	共有 3 条刻度线，第一、二条刻度是用来指示电压值指示数，第三条刻度线用来表示测量电平的分贝值

任务三　示波器的面板结构与测量

示波器是用来观测交流电压或脉冲电压波形的仪器，由电子管放大器、扫描振荡器、阴极射线管等组成。除观测电压的波形外，还可以测定频率、电压大小等。凡可以变为电效应的周期性物理过程都可以用示波器进行观测。可以把示波器简单地看成是具有图形显示的电压表。

1．示波器面板结构的认识

GOS-620 型示波器面板如图 2-4 所示。

图 2-4　GOS-620 型示波器面板示意图

2．各旋钮、按键的功能

将示波器人为地分成 4 个部分，其各部分的旋钮、按钮的名称及功能如表 2-3 所示。

表 2-3 各旋钮、按钮的功能

（1）水平系统（图 2-4 中第一部分）

旋钮或开关	名　称	功　能
(11) ◀ POSITION ▶	X 位移	控制光迹在荧光屏 X 方向的位置，在 X-Y 方式用作水平位移。顺时针方向光迹向右，逆时针方向光迹向左
(10) X10 MAG	扩展控制键	PULL×10 改变水平放大器的反馈电阻使水平放大器放大量提高 10 倍，相应地也使扫描速度及水平偏转灵敏度提高 10 倍
(9) SWP. VAR. CAL	扫描微调控制（VARIBLE）旋钮	此旋钮以顺时针旋转到底时为"标准"位置，处于校准位置。调节显示波形的幅度，顺时针方向增大。该旋钮逆时针方向旋转到底，扫描减慢 2.5 倍以上。正常工作时，该旋钮位于"校准"位置
(8)/(32) TIME/DIV	扫描时间因数选择开关（TIME/DIV）	扫描时间因数开关，从 0.2μs～0.2s/DIV 按 1-2-5 进制，共 19 挡，当开关设置在 X-Y 或外 X 位置时，示波器作为 X-Y 示波器，Y1 作为 X 轴，或用外输入信号作为扫描信号

（2）垂直系统（图 2-4 中第二部分）

旋钮或开关	名　称	功　能
(CH1)(22) AC GND DC (CH2)(29)	耦合选择开关（AC-GND-DC）交流—接地—直流	AC、⊥、DC 开关可使输入端成为交流耦合、接地、直流耦合。选择垂直放大器的耦合方式。交流（AC）：垂直输入端由电容器来耦合；接地（GND）：放大器的输入端接地；直流（DC）：垂直放大器输入端与信号直接耦合
(24) ALT CHOP	ALT 与 CHOP 转换开关	ALT 为交替显示，CHOP 为在扫描过程中，显示过程在 CH1 和 CH2 之间转换开关
(23) ▲ POSITION ▼	Y1 垂直移位（POSITION）	调节光迹在屏幕中的垂直位置。控制显示迹线在荧光屏上 Y 轴方向的位置，顺时针方向迹线向上，逆时针方向迹线向下
(28) POSITION ▲	Y2 垂直移位（POSITION）	同（23）旋钮
(25) MODE CH1 CH2 DUAL ADD	垂直方式开关	5 位按钮开关，用来选择垂直放大系统的工作方式。CH1—显示通道 CH1 输入信号。ALT—交替显示 CH1、CH2 输入信号，交替过程出现于扫描结束后回扫的一段时间里，该方式在扫描速度从 0.2μs/DIV 到 0.5ms/DIV 范围内同时观察两个输入信号。CHOP—在扫描过程中，显示过程在 CH1 和 CH2 之间转换，转换频率约 500kHz。该方式在扫描速度从 1ms/DIV 到 0.2s/DIV 范围内同时观察两个输入信号。CH2—显示通道 CH2 输入信号。ALL OUT ADD—使 CH1 信号与 CH2 信号相加（CH2 极性"+"）或相减（CH2 极性"—"）

旋钮或开关	名　称	功　能
 (30)	19—衰减开关（VOLT/DIV）； 20 — 微调旋钮； 21—CH1 波形调节区域	衰减开关（VOLT/DIV）：用于选择垂直偏转灵敏度的调节。 19—CH1 通道波形 Y 轴幅度调节旋钮。 20—CH1 通道波形微调旋钮并且带锁定开关（顺时针旋到底为锁定位置）。CH1×5 扩展，CH2×5 扩展（CH1×5MAG，CH2×5MAG），拉出×5 扩展键，垂直方向的信号扩大 5 倍，最高灵敏度为 1mV/DIV。 21—CH1 波形调节区域，刻度代表 VOLTS/DIV（电压值/格）。 30—CH2 通道波形 Y 轴幅度调节旋钮
 (26)	接线柱	仪器测量接地装置（⊥）
 (18)	通道 1 输入端 [CH1 INPUT（X）]	用于被测信号的输入端。在 X-Y 时输入端的信号成为 X 信号
 (31)	通道 2 输入端	用于被测信号的输入端

（3）触发系统（TRIG）（图 2-4 中第三部分）

旋钮或开关	名　称	功　能
 (12)	ALT 扩展按钮（ALT-MAG）	按下此按钮，扫描因数×1、×5 或×10 同时显示。此时要把放大部分移到屏幕中心，按下 ALT-MAG 按钮。扩展以后的光迹移位更远的地方
 (13)	电平锁定	调节和确定扫描触发点在触发信号上的位置，电平电位器顺时针方向旋转到底为锁定位置，此时触发点将自动处于被测波形中心电平附近
 (14)	触发方式开关	5 位按钮开关，用于选择扫描工作方式。 AUTO（自动）：自动扫描方式时，扫描电路自动进行扫描。在没有信号输入或输入信号没有被触发同步时，屏幕上仍然可以显示扫描基线。 NORM（常态）：有触发信号才能扫描，否则屏幕上无扫描线显示。当输入信号频率低于 20Hz 时，用常态触发方式。 TV-V：电路处于电视场同步。 TV-H：电路处于电视行同步

续表

旋钮或开关	名　称	功　能
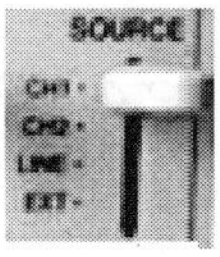 (15)	内触发选择开关	选择扫描内触发信号源。 CH1：加到 CH1 输入连接器的信号是触发信号源。 CH2：加到 CH2 输入连接器的信号是触发信号源。 电源触发（LINE）：电源频率成为触发信号。 外触发（EXT）：触发输入上的触发信号是外部信号，用于特殊信号的触发
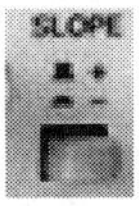 (16)	+、一极性开关	供选择扫描触发极性，测量正脉冲前沿及负脉冲后沿宜用"＋"，测量负脉冲前沿及正脉冲后沿宜用"－"
 (17)	外触发输入	用于外部触发信号的输入

（4）示波器控制系统及探头（图 2-4 中第四部分）

后面板交流电源线旁有一个插座，该插座下端装有 0.5A 保险丝管。

旋钮或开关	名　称	功　能
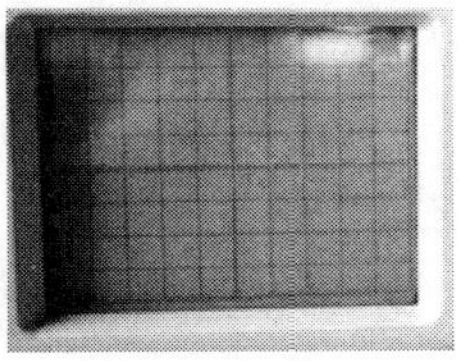	显示屏	波形显示屏，横格表示周期，纵格表示幅度，每格数量级由相关调节旋钮确定。内刻度坐标线：它消除了光迹和刻度线之间的观察误差，测量上升时间的信号幅度和测量点位置在左边指出
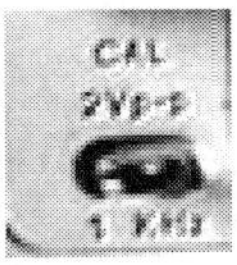 (1)	校准信号（CAL）	校准信号输出，示波器内部方波输出端口输出电压幅度为 0.5Vp-p，频率为 1kHz 的方波信号
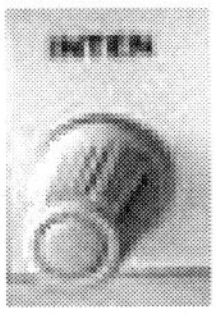 (2)	亮度旋钮（INTENSITY）	控制荧光屏上光迹的明暗程度，顺时针方向旋转为增亮，光点停留在荧光屏上不动时，宜将亮度减弱或熄灭，以延长示波器使用寿命。顺时针方向旋转，亮度增强
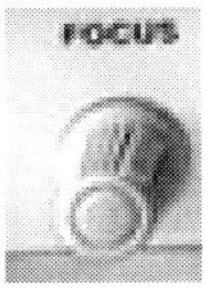 (3)	聚焦旋钮（FOSUS）	用来调节光迹及波形的聚焦可使光点圆而小，达到波形清晰
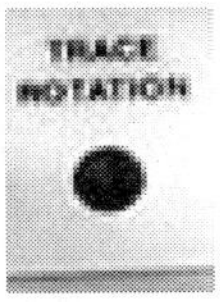 (4)	标尺亮度	控制坐标片标尺的亮度，顺时针方向旋转为增亮

旋钮或开关	名　　称	功　　能
(5)	电源指示灯	它是一个发光二极管，电源接通时，指示灯亮
(6)	电源开关（POWER）	它用于接通和关断仪器的电源，按钮弹出即为"关"位置。按下为"开"位置
	示波器探头	1—示波器探针； 2—黄色键向上推波形显示为1:1； 3—示波器插头； 4—如果使用的是10:1探头。计算时将幅度×10

二、项目基本知识

知识点一　低频信号发生器的使用

1. 技术性能

① 输出频率：0.2Hz～2MHz，按每挡十倍频程覆盖率分类，共分7挡，具体频率如下。

1挡：0.2～2Hz；

2挡：2～20Hz；

3挡：20～200Hz；

4挡：200～2kHz；

5挡：2～20kHz；

6挡：20～200kHz；

7挡：200kHz～2MHz。

② 输出信号阻抗：50Ω。

③ 输出信号波形：正弦波、三角波、方波。

④ 输出信号幅度：（1MΩ 负载）。

a. 正弦波：不衰减，峰峰值，（1～18V）（4%～10%）连续可调。

衰减20dB，峰峰值，（0.1～1.8V）±10%连续可调；

衰减40dB，峰峰值，（10～180mV）（4%～10%）连续可调。

b. 方波：不衰减，峰峰值，（1～20V）（4%～10%）连续可调。

衰减20dB，峰峰值，（0.1～2V）±10%连续可调；

衰减40dB，峰峰值，（10～200mV）（4%～10%）连续可调。

c. 三角波：不衰减，峰峰值，（1～10V）±10%连续可调。

衰减20dB，峰峰值，（0.1～1.6V）±10%连续可调；

衰减40dB，峰峰值，（10～160mV）±10%连续可调。

说明：对于50Ω 负载，数值应为上述值的1/2。

⑤ 函数输出占空比调节 20%～80%，±5%连续可调。

⑥ 信号频率稳定度：±0.1%/min。

以上④～⑥项测试条件是：10kHz 频率输出，整机预热 20min。

⑦ 电源适应性及整机功耗：电压 110V/220V+10% 50Hz/60Hz±5%，功耗小于等于 20W。

⑧ 工作环境温度 0～40℃。

2．信号发生器的使用

① 开机：插入 220V 交流电源线后，按下开关，整机开始通电。

② 按频率挡位（RAGE）选择适合的频挡位，在按此钮时，频率显示窗口 5 位 LED 码的后一位循环显示的是挡位号 1～7。

③ 按波形选择按钮 5 位 LED 窗第一位，既 1～3 位循环显示：1 表示正弦波、2 表示方波、3 表示三角波。

④ 按"确认"按钮，仪器开始输出波形，LED 窗口显示频率，并同时在另一窗口显示幅度。

⑤ 调节"调频"（FADJ）和"调幅"（AADJ）及"衰减"旋钮（ATT），并根据显示调整到自己所需要的频率和幅度。

⑥ "OUT"输出所需要的函数波形。

3．注意事项

函数信号发生器上所有开关及旋钮都有一定的调节限度，调节时用力适当。

知识点二　交流毫伏表的使用

1．交流毫伏表使用

① 接通电源之前，检查电源电压是否与毫伏表要求的电压相同。检查毫伏表指针是否在零位上，如果不在零位，可调机械调零螺丝。

② 接通电源。

③ 无法估计被测电压时，把量程开关调至最大量程。

④ 从输入端接入被测电压，根据指示数选择合适的量程。

⑤ 当量程最高有效数字为"1"时，读第一条刻度线；当量程最高有效数字为"3"时，读第二条刻度线。

2．注意事项

① 毫伏表使用前应垂直放置，因为测量精度以表面垂直放置为准。

② 在未接通电源的情况下先进行机械调零。方法是用螺丝刀调节表头上的机械零位螺丝，使表针指准零位。再将两个输入接线端（鳄鱼夹）短路连接后，接通 220V 工作电源。预热数分钟，使仪表达到稳定工作状态。

③ 毫伏表接入被测电路进行测量。接线时，先接上地线夹子，再接另一个夹子。测量完毕拆线时要相反，先拆另一个夹子，再拆地线夹子。这样可避免当人手触及不接地的另一夹子时，交流电通过仪表与人体构成回路，形成数十伏的感应电压，打坏表针。

④ 在测量时，选择适当的量程，特别是使用较高灵敏度挡位（mV 挡），不注意的话，容易使表头指针打坏。如果不知道被测电压所在量程范围时，则应选择最大量程（300V）进行试测，再逐渐下降到适合的量程挡，测量的读数刻度一般使表针偏转至满

刻度的 2/3 为较好。

知识点三　示波器的使用及注意事项

1．示波器的使用

① 寻找扫描光迹。接通电源开关，若显示屏上不出现光点或扫描线，可按表 2-4 进行操作。

表 2-4　　　　　　　　　　　　示波器的使用

开关或旋钮	名　称	位　置
 (2)	亮度旋钮 INTENSITY	亮度适中位置
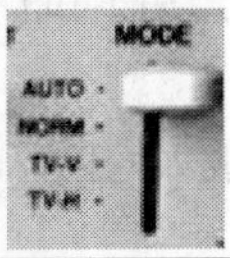 (14)	触发方式	置自动扫描（AUTO）方式
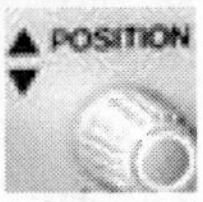 (23)、(28)	垂直位移	置中间位置
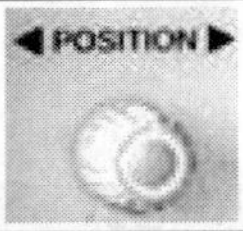 (11)	水平位移	置中间位置
 (3)	聚焦旋钮	置适中位置，使扫描线清晰

② 出现扫描线后，从 CH1 或 CH2 加入电信号，若波形不出现请按表 2-5 操作。

表 2-5　　　　　　　　　　加入电信号若波形不出现的操作

开关或旋钮	名　称	位　置
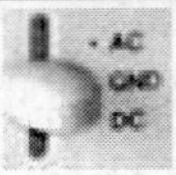 (CH1)(22) (CH2)(29)	耦合选择开关	置"AC"或"DC"，如果出现左图的位置，波形不会出现
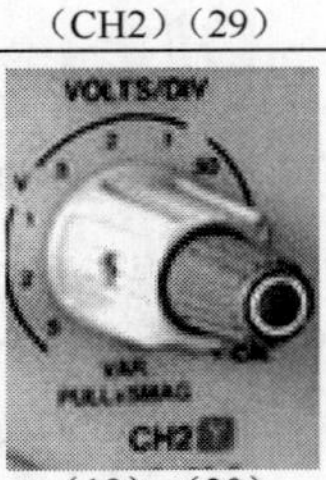 (19)、(30)	衰减开关	顺时针旋转使幅值减小，逆时针旋转使幅值增加，波形幅值适中即可定量分析，微调旋钮置锁定位置

③ 波形不稳定请按表 2-6 操作。

表 2-6   波形不稳定的操作

开关或旋钮	名 称	位 置
(15)	内触发选择开关	电信号从CH1通道输入置CH1、信号从CH2通道输入置CH2、双通道输入时任选CH1或CH2
(13)	电平（水平锁定）	电平锁定顺时针旋到底

④ 观察信号波形。

a．将调好的电信号接到示波器 Y 轴输入端（CH1 或 CH2）上。

b．按表 2-4、表 2-5 和表 2-6 调节示波器各旋钮开关，观察稳定的波形。

⑤ 测量正弦波电压。

在示波器上调节出大小适中、稳定的正弦波形，如图 2-5 所示。选择其中一个完整的波形，先测算出正弦波电压峰峰值 $U_{\text{p-p}}$，即

$U_{\text{p-p}}$=（峰峰值在垂直方向占的格数）×（衰减开关 V/DIV）×（探头衰减率）

然后求出正弦波电压有效值 U 为

$$U=\frac{U_{\text{P-P}}}{2\sqrt{2}}$$

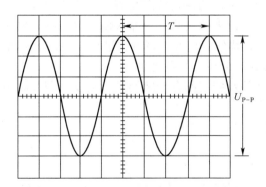

图 2-5   电压和周期的测量

⑥ 测量正弦波周期和频率。

在示波器上调节出大小适中、稳定的正弦波形，选择其中一个完整的波形，先测算出正弦波的周期 T，即

T=（一个周期在水平方向占的格数）×（挡位 TIME/DIV）

然后求出正弦波的频率为

$$f=\frac{1}{T}$$

⑦ 测量正弦的相位差。

两个信号之间相位差的测量可以利用仪器的双踪显示功能进行。如图 2-6 所示为两个具有相同频率的超前和滞后的正弦波信号，用双踪方波器显示的例子。此时，"内触发源"开关必须置于超前信号相连接的通道，同时调节扫描时间因数开关"TIME/DIV"，使显示的正弦波波形大于 1 个周期，如图 2-6 所示。一个周期占 6 格，则 1 格刻度代表波形相位 60°，故相位差 $\Delta\Phi=$ 相位差水平占的格数$\times 2\pi$/一个周期水平方向占的格数$=1.5\times 360°/6=90°$。

相位差 $=1.5\times 60°=90°$

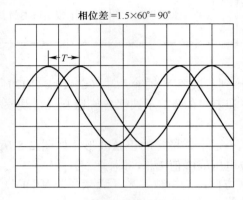

图 2-6　相位差的测量

2. 注意事项

① 输入电压不应超过规定的最大输入交流电压峰峰值 400V。特别要注意当 Y 衰减开关放到"1"时，应防止过大的被测信号加入输入器，以免损坏仪器。

② 荧光屏上光点（扫描线）亮度不可调得过亮，并且不可将光点（或亮线）固定在荧光屏上某一点时间过久，以免损坏荧光屏。

③ 示波器上所有开关及旋钮都有一定的调节限度，调节时用力适当。

项目学习评价

一、习题和思考题

① 若示波器正常，观察波形时，如荧光屏上什么也看不到，会是哪些原因，实验中应怎样调出其波形？

② 用示波器观察波形时，示波器上的波形移动不稳定，为什么？应调节哪几个旋钮使其稳定？

③ 测量直流电压，确定其水平扫描基线时，为什么 Y 轴输入耦合选择开关要置于"⊥"？

④ 某同学用示波器测量正弦交流电压，测量结果与用万用电表测量值相差很大，分析是什么原因。

⑤ 如何使用示波器测量两个频率相同的正弦信号的相位差？

二、自评、互评及教师评价

评价项目	项目评价内容	分值	自我评价	小组评价	教师评价	得分
实操技能	① 正确使用低频信号发生器	15				
	② 正确使用毫伏表	15				
	③ 正确使用示波器	15				
	④ 正确使用示波器测量电压峰峰值、周期和相位的比较	15				
理论知识	习题和思考题	15				
安全文明生产	① 仪器的安全使用	5				
	② 仪器的摆放整齐	5				
学习态度	① 出勤情况	5				
	② 实验室和课堂纪律	5				
	③ 团队协作精神	5				

三、个人学习总结

成功之处	
不足之处	
改进方法	

项目三 直流稳压电源的制作

📽 项目情境创设

直流稳压电源是各种电子设备的工作基础，也是维修人员必备的维修工具之一，本项目通过直流稳压电源的制作，使读者学会常见直流稳压电源的安装和检修方法。

✒ 项目学习目标

学 习 目 标	学 习 形 式	学 时
技能目标　① 学会识别电源中各种常用元器件，掌握其检测方法。 ② 学会识读稳压电源的原理图、装配图等。 ③ 掌握组装工艺要求。 ④ 掌握稳压电源的测量方法与调试方法，熟练掌握万用表、双踪示波器的使用方法。	学生实际组装：检测元器件、安装、调试和维修（教师指导）	6 课时
教学目标　① 掌握稳压电源电路结构图和各组成部分的作用。 ② 了解串联降压型稳压电源的设计思想，会分析变压降压整流滤波、取样、误差放大、基准稳压、有源滤波及复合调整的工作原理。 ③ 会分析故障原因。	教师讲授知识点	4 课时

✊ 项目基本功

一、项目基本技能

任务一　识读串联稳压电源的电路图

1. 串联稳压电源的电路方框图

串联稳压电源的电路方框图如图 3-1 所示。

电源降压：将 220V 交流电通过变压器或阻容元件降低到相应的电压。

整流滤波：将降低后的交流电转换为直流电。

调整管：通过调整自身的导通程度，改变其 c、e 极间的电压，从而调整电源输出端的直流电压值。

取样电路：将输出端直流电压分压后输入到比较电路，会随输出电压变化。

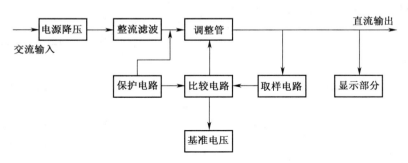

图 3-1 串联稳压电源方框图

基准电压：产生一个不随输入输出电压变化的、稳定的直流电压值。

显示电路：用于指示电源电路的工作状态。

保护电路：当电源电路的输出电压、输出电流过大时，使调整管截止，切断输出电压。

2．串联稳压电源的电路原理图

串联稳压电源的电路原理图如图 3-2 所示。

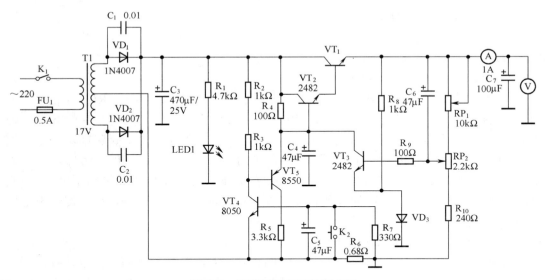

图 3-2 串联稳压电源的原理图

（1）变压整流滤波

如图 3-3 所示，闭合开关 K_1，220V 交流电压经变压器 T1 降压，输出双 17V 交流电压。再由二极管 VD_1、VD_2 组成的全波整流电路进行整流，把交流 17V 电压变为 15.3V 的脉动直流电压，再经滤波电容 C_3，把纹波系数较大的 15.3V 脉动直流电压变为 20.4V 纹波系数较小的平滑直流电压。电容 C_1、C_2 为旁路电容，旁路浪涌电流。开机瞬间浪涌电流很大，一部分电流流过 C_1、C_2，减小了二极管 VD_1、VD_2 的负担，从而保护二极管 VD_1、VD_2。

（2）电子稳压电路工作原理

如图 3-4 所示，20V 的直流电压流经电子稳压电路中的调整管 VT_1，输出 1.5～12V 稳恒直流电压。电子稳压部分由以下 5 部分组成。

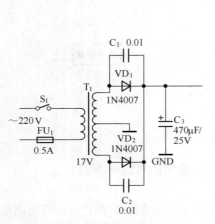

图 3-3　变压整流滤波电路图　　　　　图 3-4　电子稳压电路图

① RP_1、RP_2、R_{10} 组成串联分压取样电路；

② C_4、R_4、R_8、VD_3、VT_3 组成取样误差放大电路；

③ 基准稳压电路由 VD_3 和 R_8 组成；

④ VT_1、VT_2 组成复合调整电路；

⑤ R_4、C_4 组成电子有源滤波电路等。

稳压过程是：当稳压电源输出电压升压一点时，取样电路 RP_1、RP_2、R_{10} 串联分压，由 RP_2 中间抽头取得的误差电压相应升高，经电阻 R_9 限流送至 VT_3 的 b 极，使 VT_3 的 b 极电压升高，而 VT_3 的 e 极 U_e=0.7V 不变，则 VT_3 的 U_{BE} 瞬间增大了，使 VT_3 的 I_B 电流增大，I_C 电流增大了 $\beta\sim I_B$，电阻 R_4 上的电压降（$U_4=I_C R_4$）由于 I_C 的增大而增大；VT_3 的 c 极电压 U_C=（$20-U_{20}$）降低了，VT_2 的 b 极电压降低，VT_1 的 b 极电压也降低；使 VT_1 的导通程度减弱，VT_1 的 U_{CE} 电压变大，从而使输出电压降压，达到稳压的作用。

（3）过流保护电路的工作原理

过流保护电路由 VT_4、VT_5、R_2、R_3、R_4、R_5、R_6、R_7 和 C_5 组成，如图 3-5 所示。

当稳压电源的输出电流大于一定值（1A）时，整流输出的电流经由取样电阻 R_6 回流变压器 T1 的中间抽头。R_6=0.56Ω 电阻的电压将大于 0.56V，此电压经由 R_7、R_5 串联分压后送至 VT_4 的基极（三极管 VT_4、VT_5 共同组成了一支单向晶闸管），使 VT_4、VT_5 均导通且持续导通，拉低了复合调整管 VT_2 的 b 极电位。使调整管 VT_1 截止，从而起到过流保护作用。

C_5 为防误触发充电电容，R_2=1kΩ、R_3=1kΩ 为钳位防误触发电阻。K 为常开按钮开关，即复位启动电源按钮。按下 K，C_5 所存电荷被 K 快速放掉，VT_4、VT_5 截止，组成的可控硅截止。（相当于）电源输出原来的调节值，原理图如图 3-5 所示。

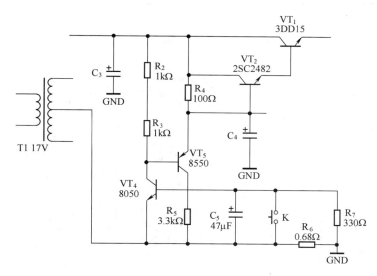

图 3-5　过流保护电路原理图

任务二　元器件识别和检测

1. 稳压电源元件的识别

稳压电源元件的识别、图形及作用如表 3-1 所示。

表 3-1　　　　　　　　　　　　　元件的识别、图形及作用

设计序号	元件名称	元件参数	图　形	作　用
T1	变压器	双 17V		变压降压，把 220V 交流电压变为双 17V 交流电压
FU1	保险管座及保险管	0.5A		保护变压器和整个电路
K_1	单刀双置船形开关	6A/220VAC K_1		控制稳压电源的通电与断电
K_2	按钮复位开关			复位，使电源退出保护，输出原来调定电压

续表

设计序号	元件名称	元件参数	图　形	作　用
VD$_1$、VD$_2$	二极管	1N4007 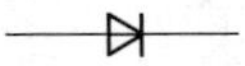		整流，全波整流二极管，把交流电压变为脉动直流电压
C$_1$、C$_2$	电容	4nF~22nF 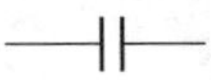	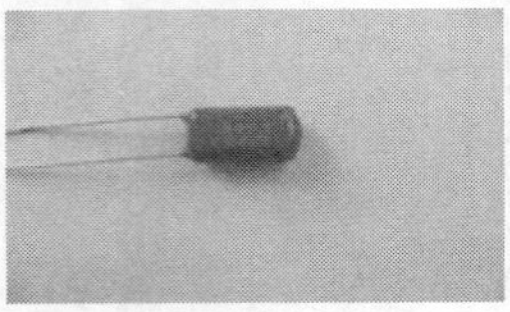	旁路，旁路浪涌电流，保护 VD$_1$、VD$_2$
C$_3$	电容	2200μF/25V 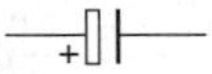		滤波，使纹波系数变小，把脉动直流电压变为平滑直流电压
C$_4$	电容	4.7μF/25V 		滤波，电子有源滤波，滤波效果更好
C$_5$	电容	47μF/16V 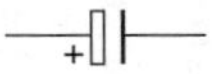	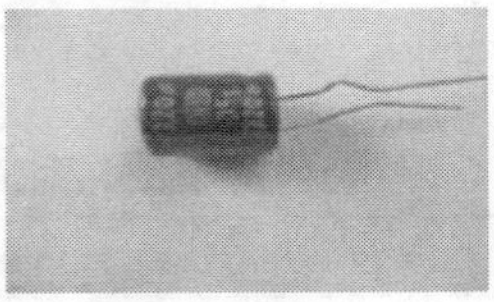	防干扰，通交流，防误保护
C$_6$	电容	47μF/16V 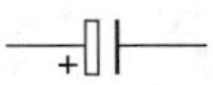	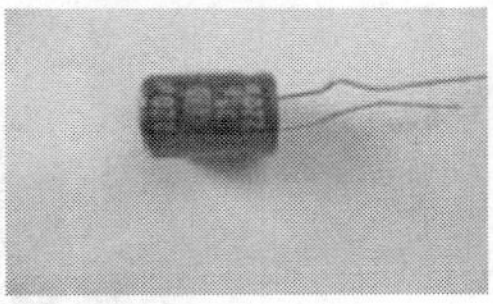	反馈、滤波，快速反应电容
C$_7$	电容	100μF/16V 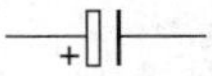	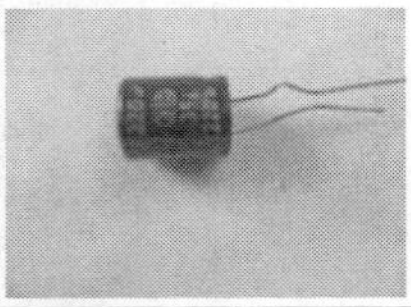	滤波，输出滤波
VT$_1$	三极管	3DD15 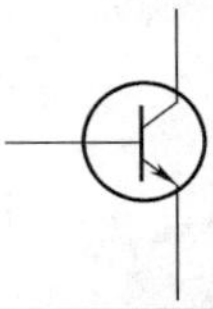	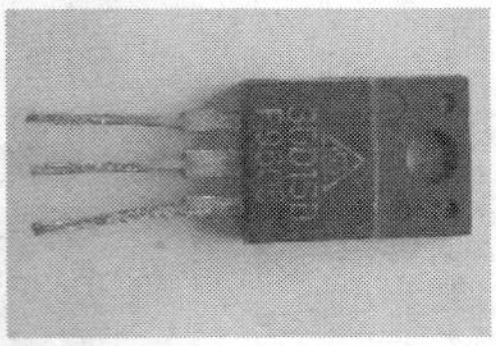	电压调整，稳压输出
VT$_2$	三极管	2SC2482 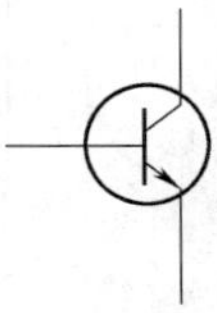		复合电流放大管，与 VT$_1$ 复合共同起调整作用

续表

设计序号	元件名称	元件参数	图 形	作 用
VT$_3$	三极管	2SC2482		比较放大，把误差电压放大
VT$_4$	三极管	8050		组成单向可控硅，过流保护
VT$_5$	三极管	8550		
R$_1$	电阻	4.7kΩ		为指示灯限流电阻，色环为黄、紫、黑、棕、棕
R$_2$、R$_3$	电阻	1kΩ		VT$_4$集电极负载，色环为棕、黑、黑、棕、棕
R$_4$	电阻	100Ω		VT$_2$ 的基极上偏置；VT$_3$ 的集电极负载；色环为棕、黑、黑、黑、棕
R$_5$	电阻	3.3kΩ		VT$_4$基极下偏置电阻，色环为橙、橙、黑、棕、棕
R$_6$	电阻	0.68Ω/1W		过流保护取样电阻，决定输出最大电流，色环为蓝、灰、银、金
R$_7$	电阻	330Ω		VT$_4$ 的基极上偏置电阻，色环为橙、橙、黑、黑、棕
R$_8$	电阻	1kΩ		基准电路限流电阻，色环为棕、黑、黑、棕、棕

续表

设计序号	元件名称	元件参数	图　形	作　用
R_9	电阻	100Ω	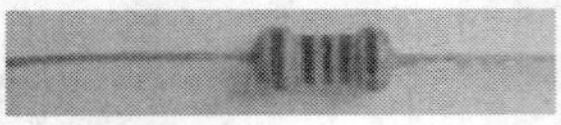	限流电阻，保护 VT_3，色环为棕、黑、黑、黑、棕
R_{10}	电阻	240Ω	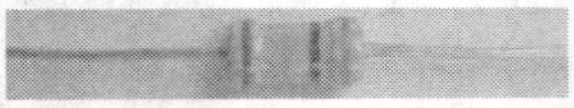	取样电路电阻，与 RP_3、RP_4 组成串联分压取样电路，色环为红、黄、黑、黑、棕
RP_1	电位器	10kΩ	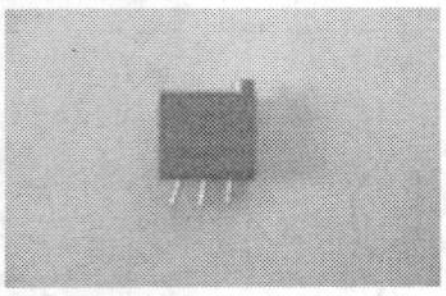	调节输出电压和输出电压范围
RP_2	电位器	2.2kΩ		

2. 稳压电源零部件

稳压电源所用零部件的实物如表 3-2 所示。

表 3-2　　　　　　　　　　稳压电源零部件清单

编号	名称及规格	数　量	图　形	作　用
1	外壳（上、下）	1套	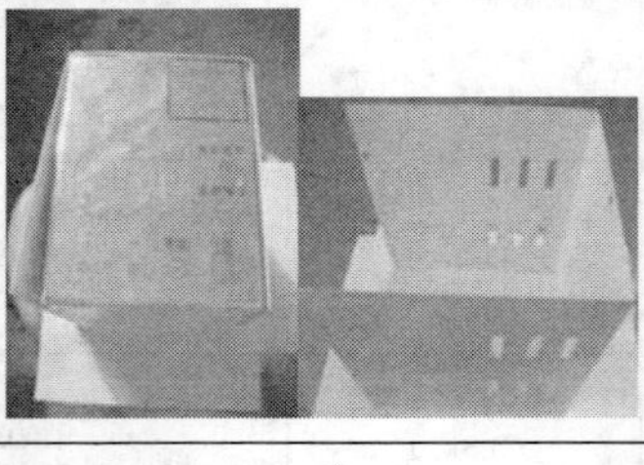	固定线路板及零部件
2	电源线	1根	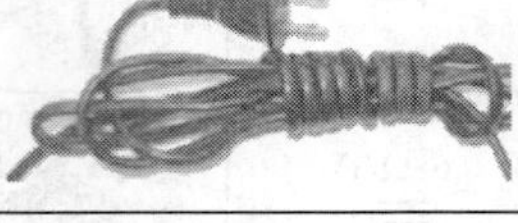	连接电源，把 220V 送给稳压电源
3	接线柱（黑色）	1个		输出电源负极
4	接线柱（红色）	1个		输出电源正极
5	15V 电压表	1块	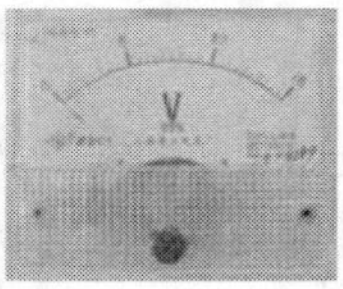	指示输出电压

续表

编号	名称及规格	数 量	图 形	作 用
6	1A 电流表	1块  $\overset{A}{\bigcirc}$		指示输出电流
7	焊片	6个	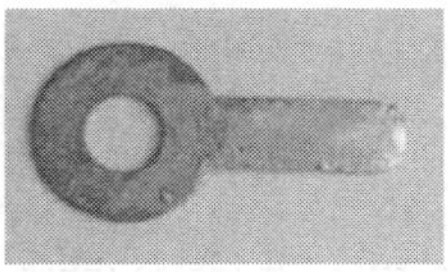	焊接导线后,便于与表头、接线柱连接,且接触良好
8	指示灯	1个 		指示电源
9	线路板紧固架	2个		固定线路板
10	穿线垫圈	1个		保护电源线
11	螺丝 3×10,钉帽 11 个,垫片 22	11套	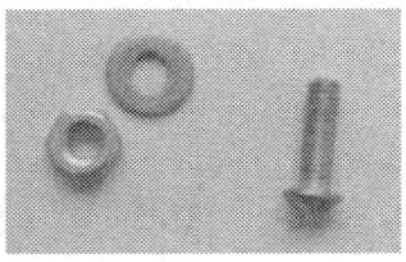	固定电压表、电流表、变压器、三极管接线柱等
12	线路板	1块		安装元件
13	散热片	1块	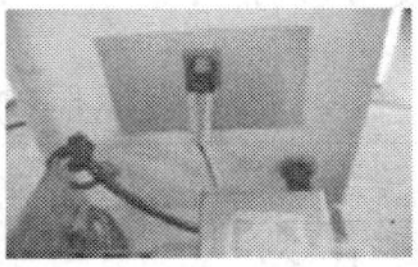	保护大功率调整管
14	焊接线 23 根	1套	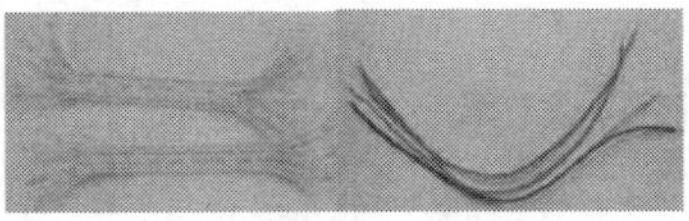	连接导线
15	套管3×20mm	10个		绝缘材料
16	套管3×25mm	2个		绝缘材料

续表

编号	名称及规格	数 量	图 形	作 用
17	套管4×25mm	4个		绝缘材料
18	电位器电压调节旋钮	1个		方便调节电压
19	自攻丝	6个	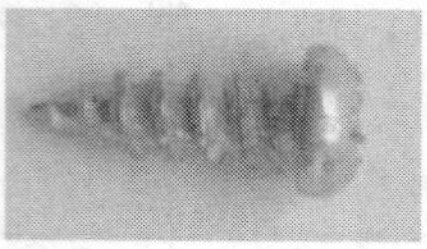	固定外壳
20	垫脚	4个		保护外壳
21	线路板支架	2个	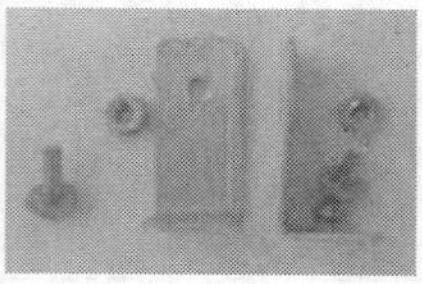	固定线路板

3．使用万用表检查元器件

（1）变压器的测量

变压器的检测方法如表3-3所示。

表3-3　　　　　　　　　变压器的检测方法

项 目	47型万用表挡位	测 量 方 法	电 阻
变压器初级电阻	R×10挡 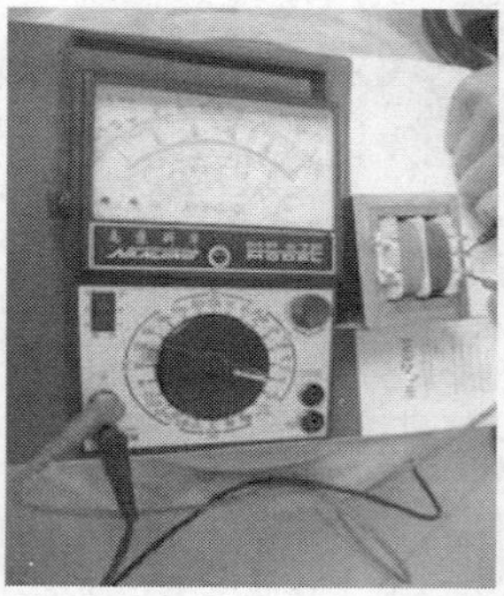		80Ω左右

续表

项　　目	47型万用表挡位	测　量　方　法	电　　阻
变压器次级电阻	R×1挡  	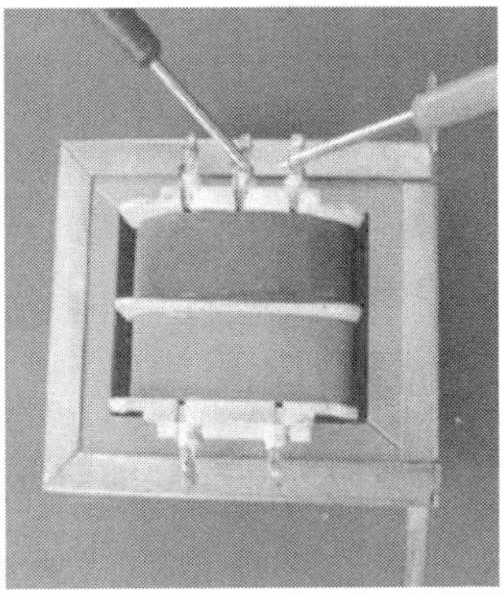	1Ω 左右

（2）整流二极管的测量

整流二极管的检测方法如表3-4所示。

表3-4　　　　　　　　　　　　整流二极管的检测方法

项　　目	47型万用表挡位	测　量　方　法	电　　阻
二极管正向电阻	R×1k挡  	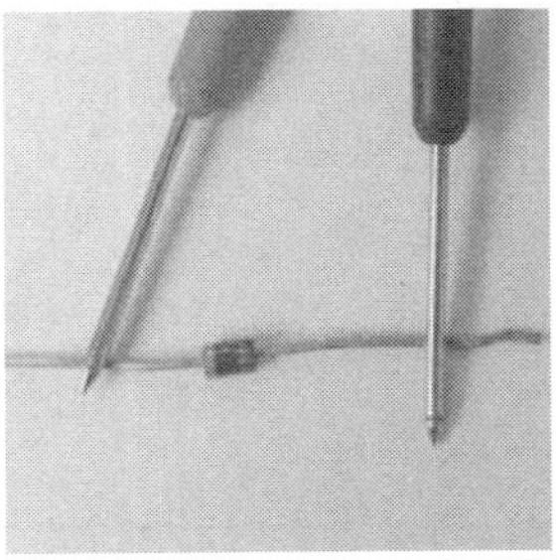	9kΩ 左右
二极管反向电阻	R×1k挡 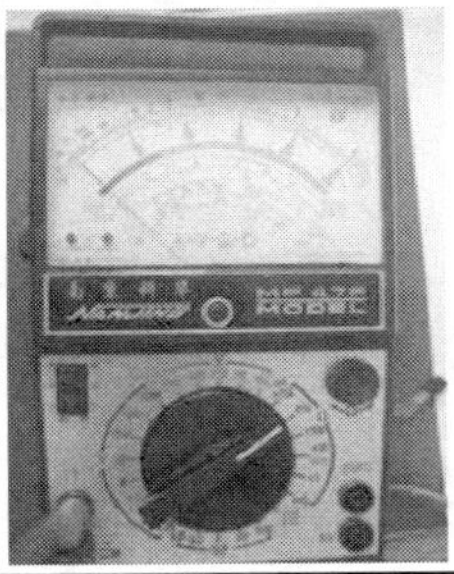 	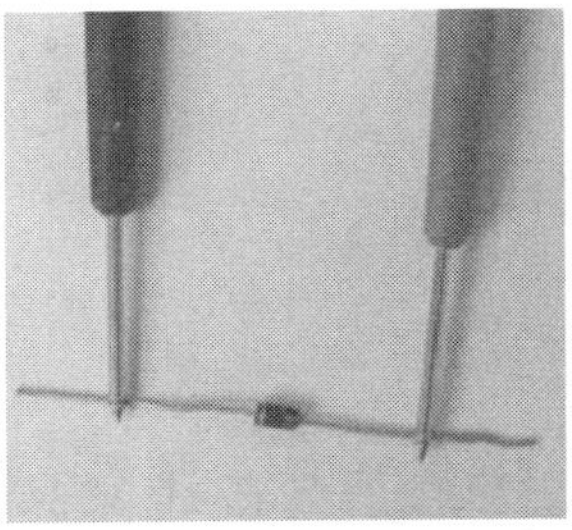	无穷大

（3）三极管 2SC2482 的测量

三极管 2SC2482 的测量方法（47型万用表，R×1k挡）如表1-2所示。

任务三　安装工艺、调试与测量检修

1．安装工艺（组装工艺）

① 元件整形。

用尖嘴钳或镊子把电阻、二极管按图 3-6 进行整形。

图 3-6　元件整形

② 稳压电源的装配图。

稳压电源的装配图与元器件分部如表 3-5 所示。

表 3-5　　　　　　　　　稳压电源的装配图与稳压电源的装配图

稳压电源的装配图	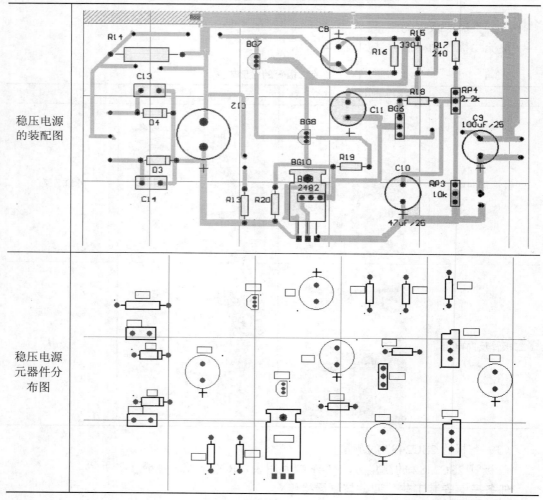
稳压电源元器件分布图	

③ 电阻、电容、电位器紧贴 PCB 安装，整流二极管、三极管安装时要留一定的高度，借助元件腿散热来保护二极管和三极管。线路板安装：把电阻、二极管、电容、三

极管等元器件安装在线路板上，焊点要圆滑光亮，如图 3-7 所示。

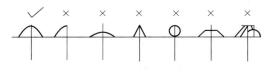

图 3-7　焊接标准

注意 VT$_1$（3DD15D）和电位器 RP$_2$ 不是直接安装在线路板上的，而是先焊接小胶线，通过小胶线安装在线路板上的。VT$_1$ 固定在后壳上，RP$_2$ 固定在面板上。线路板的安装要先安装电阻，紧贴线路板安装。再安装整流二极管和无极性电容，二极管的脚要留一段散热。接着安装三极管、电解电容和电位器。

④ 把变压器用螺丝固定在外壳内部的底层上，并与线路板、保险管座和电源开关连接，如图 3-8 所示。

图 3-8　变压器的固定

⑤ 把船形电源开关、按钮开关、红黑接线柱固定在面板上。把 15V 直流电压表和 1A 直流电流表固定在面板上，如图 3-9 所示。

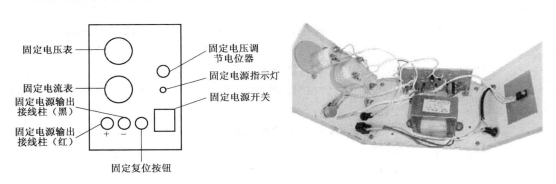

图 3-9　表头、电位器、开关、接线柱和指示灯安装图

⑥ 把电源线穿过橡皮圈和外壳，打结后连接在保险管裤、船形开关和变压器上。并把变压器的双 17V 输出端用小胶线焊接后，连接在线路板上，如图 3-10 所示。

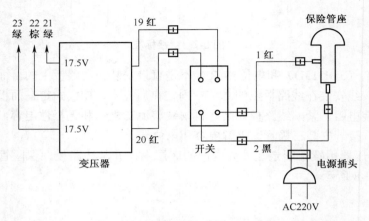

图 3-10 连接电源线和开关、保险管

注：1 为套管，开关上为 $\phi 4 \times 25 \text{mm}$；其他为 $\phi 3 \times 25 \text{mm}$。

⑦ 把 VT_1 焊接小胶线后固定在后壳板上，把电位器 RP_2、发光二极管 LED 焊接小胶线后固定在前面板上。

⑧ 用导线把电压表、电流表、接线柱连接在线路板上。与电压表、电流表、接线柱连接的导线，要先焊接焊片后再与之连接。

⑨ 通电调试线路板，调节正常后，用紧固架固定线路板。

⑩ 安装后盖，用螺钉固定外壳。

2. 测量与调试

测试的目的是对稳压电源的基本状况有一个初步了解，主要检查阻值是否正常，电路是否短路。

① 插上交流保险管，用 47 型万用表 R×1 挡，测电源插头两端的电阻值，接通开关时应等于电源变压器初级电阻（100Ω 左右），断开时为无穷大，表明变压器初级回路正常。

② 用 R×10 挡测整流输出端对地电阻（断开直流保险管），如图 3-11 所示。

a. 正向电阻：表针摆动后应回到无穷大或接近无穷大。

b. 反向电阻：表针摆动后指示的阻值应为几千欧至十几千欧。

目的是检查整流电路整流二极管、旁路电容和滤波电容是否正常，若其中有一个被击穿，此阻值必然发生变化。

③ 安上直流保险管后，测整流输出端的对地电阻，方法同上。

a. 正向电阻：5～10kΩ。

b. 反向电阻：2～5kΩ。

若稳压电路中的晶体管或电解电容有被击穿损坏的，将会导致阻值变化。

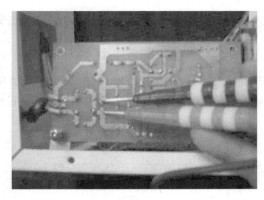 

（a）正向电阻　　　　　　　　　　　　　　　　（b）反向电阻

图 3-11　测整流输出端对地电阻

④ 测稳压电源输出端对地电阻。

测稳压电源输出端对地电阻，如图 3-12 所示。

（a）正向电阻 1.5～2kΩ　　　　　　　　　　　（b）反向电阻 1～1.5kΩ

图 3-12　测稳压电源输出端对地电阻

这个阻值在很大程度上受取样分压电路的影响。若输出端的滤波电容击穿，正反向电阻均接近 0。

⑤ 通电检测。

在稳压电源第一次通电时，手暂时不要离开开关。因为个别质量不好的电解电容可能在加上电压后瞬间即被击穿，这样一旦电路中出现冒烟、打火等异常现象时，可立即切断电源。主要检测整流滤波后电压，有负载时 C_3 两端电压应为：$U_0 = 1.2 \times 17 = 20.4\text{V}$。

⑥ 输出电压范围的调节。

用小一字改锥调节电位器 RP_1，用手旋转电位器 RP_2 的旋钮，调节它们的阻值，使电压表上输出电压的数值在 1.5～12V 之间连续可调。

二、项目基本知识

知识点一　整流电路原理

整流电路的作用是把交流电转变为直流电。交流电的特点是，电路中的电流方向或电压方向随时间在周期性不断变化。而直流电路中的电流（或电压）的方向却是不改变的。整流电路形式主要可分为以下几种。

1．单相半波整流电路

单相半波整流电路的电路形式简单，如图 3-13 所示。其输出去的电压为输入交流电压的半个周期，输出的直流电压平均值小，$u_o = 0.45u_2$，电压波动幅度较大，对电源的利用率也低。

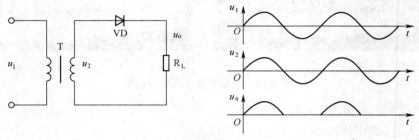

图 3-13　半波整流电路及波形

2．单相全波整流电路

单相全波整流电路的电路形式及输出电压波形如图 3-14 所示，全波整流电路增加了一个整流二极管，同时利用带有抽头的变压器的分相作用，在变压器的次级回路中，产生了两个电压相同，而相位相反的交流电，使两支二极管交替导通，使输出的直流电压为交流电压的整个周期波形，输出平均电压 $u_o = 0.9u_2$，输出电压较高，但是由于需要抽头的变压器提高了成本。而且整流二极管的反向耐压值也相应地增加了一倍。

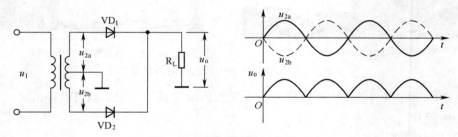

图 3-14　全波整流电路及波形

3．单相桥式整流电路

单相桥式整流电路的电路形式及输出波形如图 3-15 所示。

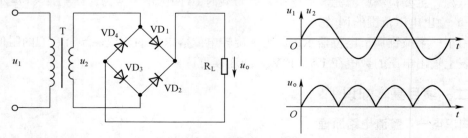

图 3-15　桥式整流电路及波形

桥式整流电路中使用了 4 支整流二极管组成了桥式电路，每支二极管作为整流电路的一支桥臂，在交流电的每半个周期相对的两个“桥臂”导通，保证了负载上的电流与电压的方向始终没有变化。具体工作情况如表 3-6 所示。

表 3-6　　　　　　　　　　　　　　桥式整流电路工作原理

交流电正半周期	交流电负半周期
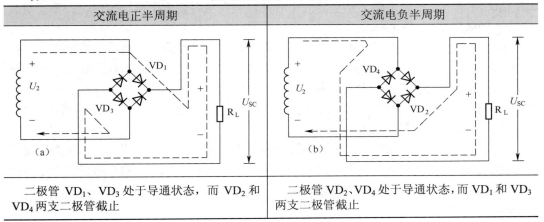	
二极管 VD_1、VD_3 处于导通状态，而 VD_2 和 VD_4 两支二极管截止	二极管 VD_2、VD_4 处于导通状态，而 VD_1 和 VD_3 两支二极管截止

桥式整流电路输出电压的直流电压与全波整流电路一样，$U_o = 0.9U_2$，但是对变压器没有特殊要求，因此目前整流电路的主要形式是桥式整流电路。

知识点二　滤波电路

滤波电路的作用是滤除电路中的交流成分，使直流电流中的纹波系数变小，成为平滑直流电压。滤波元件主要有电容器和电感器，主要电路形式有以下几种。

1. 电容滤波

电容滤波是利用电容器的充放电特性，以及电容器的容抗与频率之间的关系。常见的电容滤波电路如图 3-16 和图 3-17 所示。

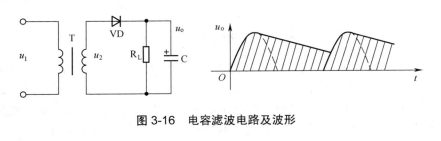

图 3-16　电容滤波电路及波形

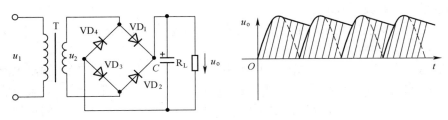

图 3-17　桥式整流电容滤波电路及波形

在整流二极管导通时，整流输出电压对电容 C 充电，同时对负载供电，而当二极管输出的整流电压降低时，电容器上充的电压高于二极管的正向电压，二极管截止，不再对电容器充电，电容器对负载放电。由于电容器的存在，负载上的电压不会随整流电压大幅度变化，减小了电压波动，即减小了输出电压的纹波系数，提高了输出电压的平均电压值。对于全波整流电路，加上滤波电容后，带负载时输出电压 $u_o=1.2u_2$；不带负载（空载）时输出电压 $u_o=1.4u_2$。

另外用容抗与负载的阻抗不同也可以解释。对于阻性负载，直流电与交流电的阻抗相同，而对于电容器来说，$X_C=1/\omega C$。整流后的脉动直流电，可以视为频率为 0 的直流电与多种频率交流电叠加而成，两者流过电容与负载组成的并联电路时，电容对交流电的容抗很小，而对直流电的容抗为无穷大，因此将交流电"短路"，而直流成分被"开路"，因此负载上就主要是直流电压了。

综上所述，在电容滤波电路中，滤波电容的容量越大，滤波效果越好；但是容量变大，也将使成本升高，而且对电路的冲击电流（浪涌电流）增大，对二极管的要求也提高。另外滤波电容器必须与负载并联。

2．电感滤波

电感滤波电路是利用电感器上的电流发生变化时，电感器将产生感生电动势的特点来实现的。其电路如图 3-18 所示。

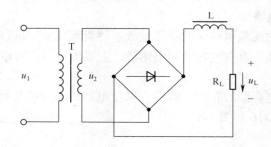

图 3-18　电感滤波电路及波形

电抗器的感抗 $X_L=\omega L$，对于频率高的交流电成分来说，感抗很大，而对于频率为 0 的直流电来说，感抗为 0。整流后的脉动电流流过电感器与负载组成的串联电路时，对于交流成分来说，电感上分得了较大的电压，而负载上的分压却很小，而对直流成分电感器几乎没有压降，负载上却分压很大，也就是说，在负载上的交流脉动成分很小，电压波动也很小，纹波系数减小。

因此在电感滤波电路中，电感器一定要与负载组成串联电路。

3．复式滤波电路

电容滤波电路体积小，重量轻，成本小，但是只适合于负载较轻，输出电流较小的电路。电感滤波适用于负载重、输出电流大的电路，但是为了追求滤波效果必然要加大电感器的电感量，因此体积增大，重量变大，成本也增加，不利于产品的小型化。目前电路中常采用电感电容复式滤波电路，具体如表 3-7 所示。

表 3-7　　　　　　　　　　　　　复式滤波电路

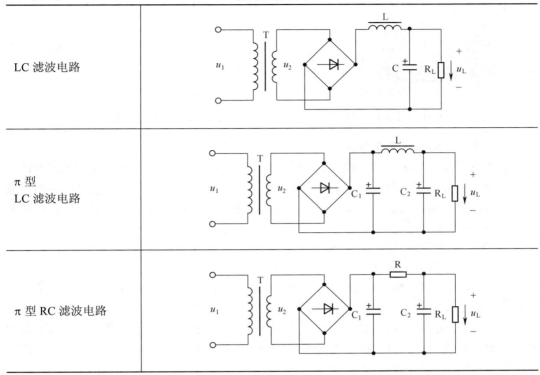

LC 滤波电路	
π 型 LC 滤波电路	
π 型 RC 滤波电路	

知识点三　稳压二极管电路

　　整流滤波后输出去的是平稳的直流电，但是它的电压是不稳定的。供电电压的变化或负载的变化（用电电流的变化），都能引起电源电压的波动。要获得稳定不变的直流电源，还必须再增加稳压电路。

　　1. 稳压二极管稳压

　　二极管具有单向导电性，加正向电压时导通，加反向电压时截止，当反向电压增加到一定值时，二极管就丧失了单向导电性而损坏。但是稳压二极管在反向击穿时，如果电流控制在一定范围内，二极管并不损坏，而且二极管两端的电压可以保持在击穿电压不变，该电压就是稳压二极管的稳压值。稳压二极管的实物与符号如图 3-19 所示。

　　2. 稳压二极管的电路形式

　　稳压二极管的稳压电路如图 3-20 所示。电阻 R_S 是稳压二极管的限流电阻。电路中输入电压 U_i，输出电压为 U_o，电阻 R_S 上的压降为 U_S，稳压二极管的稳压值是 U_Z。如果输入电压 U_i 大于稳压二极管的额定稳压值 U_Z，稳压二极管反向击穿。两端电压保持在 U_Z。

　　当因电源因素导致输入电压 U_i 增大时，输出电压 U_o 也有加大的趋势，这时电路中电流增大，致使电阻 R_S 上的电压 U_S 增大，而 $U_o=U_i-U_S$，此时输出电压可以保持基本不变。可见电阻 R_S 在电路中作用很大，一定不能少。

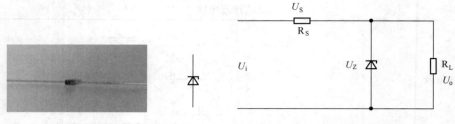

图 3-19　稳压二极管的实物与符号　　　　　图 3-20　稳压二极管电路

知识点四　集成三端稳压器

集成三端稳压器是一种串联调整式稳压器，内部设有过热、过流和过压保护电路。它只有 3 个外引出端（输入端、输出端和公共地端），将整流滤波后的直流电压接到集成三端稳压器输入端，在输出端就得到稳定的直流电压。其电路简单，使用方便，在许多电路中得到广泛的应用。

1. 集成三端稳压器的分类

（1）根据输出电压能否调整分类

① 固定输出电压型，该类集成三端稳压器的输出电压由制造厂预先调整好，输出为固定值。例如，7805 型集成三端稳压器，输出为固定 +5V。

② 可调输出电压型，该类稳压器输出电压可通过改变少数外接元件在较大范围内调整。当调节外接元件值时，可获得所需的输出电压。例如：CW317 型集成三端稳压器，输出电压可以在 1.2～37V 范围内连续可调。

（2）根据输出电压的正、负类型分类

① 输出正电压系列的集成稳压器（78××），其输出端电压对公共端为正向电压，例如：7805、7806、7809 等。其中字头 78 表示输出电压为正值，后面数字表示输出电压的稳压值。

② 输出负电压系列的集成稳压器（79××），其输出端电压对公共端为正向电压，例如：7905、7906、7912 等，其中字头 79 表示输出电压为负值，后面数字表示输出电压的稳压值。

（3）根据输出电流分挡

① 输出为小电流，代号 "L"。例如，78L××，最大输出电流为 0.1A。

② 输出为中电流，代号 "M"。例如，78M××，最大输出电流为 0.5A。

③ 输出为大电流，代号 "S"。例如，78S××，最大输出电流为 2A。

2. 固定三端稳压器的外形图及主要参数

固定三端稳压器的封装形式，TO-220 外形图如图 3-21 所示。

表 3-8 中列出几种固定三端稳压器的参数。

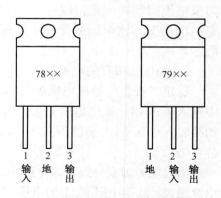

图 3-21　固定三端稳压器的外形图

表 3-8　　　　　几种固定三端稳压器的参数（$C_i=0.33\mu F$，$C_o=0.1\mu F$，$T_a=25℃$ ）

参　　数	单　　位	7805	7806	7815
输出电压范围	V	4.8~5.2	5.75~6.25	14.4~15.6
最大输入电压	V	35	35	35
最大输出电流	A	1.5	1.5	1.5

3．集成三端稳压器应用电路

① 固定三端稳压器常见应用电路如图 3-22 所示。

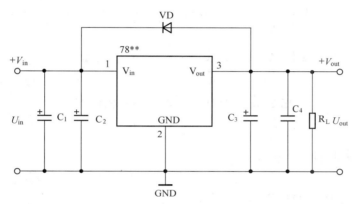

图 3-22　固定三端稳压器应用电路

为了保证稳压性能，使用三端稳压器时，输入电压与输出电压相差至少 2V 以上，但也不能太大，太大则会增大器件本身的功耗以至于损坏器件。电路中 C_1 的作用是消除输入连线较长时其电感效应引起的自激振荡，减小纹波电压。在输出端接电容 C_4 是用于消除电路高频噪声。一般 C_1 选用 $0.33\mu F$，C_4 选用 $0.1\mu F$。电容的耐压应高于电源的输入电压和输出电压。若 C_4 容量较大，一旦输入端断开，C_4 将从稳压器输出端向稳压器放电，易使稳压器损坏。因此，可在稳压器的输入端和输出端之间跨接一个二极管，起保护作用。

② LM317 稳压电源电路。

可调式集成三端稳压器的典型电路如图 3-23 所示。

C_i：输入滤波；　　　　　　　　C_1：减小 R_2 上的纹波电压，容量为 $10\mu F$；

C_o：输出滤波；　　　　　　　　R_1、R_2：调节输出电压；

VD_1、VD_2：保护 LM317；　　　R_L：LM317 的最轻负载，保证 LM317 有稳定输出。

在输出短路时，C_1 将向稳压器调整端放电，并使调整管发射结反偏，为了保护稳压器，可加二极管 VD_2，提供一个放电回路，如图 3-23 所示，VD_1 在输入端短路时，起保护作用。

③ 78 系列和 79 系列三端稳压器引脚的判别。

78 系列三端稳压器的散热片与地相连，79 系列三端稳压器的散热片与输入端相连，引脚排列为电压最高、最低、较高电位的顺序。

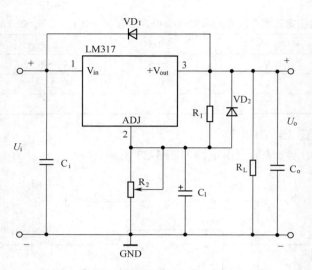

图 3-23　带保护的 LM317 稳压电源电路

项目学习评价

一、习题和思考题（50 分）

① 普通二极管 PN 极的判断及质量好坏判断。（10 分）

② 稳压二极管与普通二极管的测试有什么异同？（10 分）

③ 变压器二次侧绕组电压 U_2 为～20V，整流后的滤波电容的耐压怎么计算？（10 分）

④ 串联可调稳压电源由哪几部分组成？各部分的作用是什么？（10 分）

⑤ 三端稳压器的引脚怎么判断？（10 分）

二、技能反复训练与测试（50 分）

① 使用万用表测量市电电压。（5 分）

47 型万用表挡位是：＿＿＿＿＿＿＿，实际测量值为＿＿＿＿＿＿V。

② 测量稳压电源的输出电压范围。（5 分）

要求稳压电源的输出电压连续（平滑）可调；用滑线变阻器做负载，负载电阻约 30Ω。万用表挡位是：＿＿＿＿＿＿＿，测量值为＿＿＿＿＿＿。

③ 测量输出电流。（10 分）

在直流稳压电源空载时，调节输出电压至 2V；然后接入给定的负载（假设 10Ω/0.5W），测量其负载电流大小。万用表挡位是：＿＿＿＿＿＿＿，测量值为＿＿＿＿＿＿。与电源上电流表相比较。

④ 测量纹波电压。（10 分）

20MHz 双踪示波器 V/DIV 旋钮挡位是：＿＿＿＿＿＿＿，频率旋钮 ms/DIV 选择＿＿＿＿＿＿，DC/AC 按钮应为＿＿＿＿＿＿，若测试条件为：输出电压 V_o=2V、负载电流 I_L=500mA，此时测得的纹波电压峰峰值为＿＿＿＿＿＿V。

⑤ 测在路电阻值。（10分）

测 量 项 目	万用表挡位	VT$_1$-c 极	VT$_1$-e 极
对地 $R+$			
对地 $R-$			

使用万用表检测整流滤波输出电压点 VT$_1$-c 极和稳压电源输出电压点 VT$_1$-e 极对地正反向电阻。

$R+$是红表笔接地黑表笔接测试点，$R-$是黑表笔接地红表笔接测试点。

⑥ 测量相关点电压。（10分）

调节稳压电源使输出电压为 4.2～12V，使用万用表检测各个三极管 e、b、c 各极电压。

测 量 项 目	VT$_1$	VT$_2$	VT$_3$	VT$_4$	VT$_5$
U_e					
U_b					
U_c					
输出电压					

三、自评、互评及教师评价

评价项目	项目评价内容	分值	自我评价	小组评价	教师评价	得分
实操技能	① 识别元器件、正确使用万用表检测元器件	15				
	② 元器件整形、焊点大小、圆滑光亮程度、总装正确，外壳美观	15				
	③ 元器件安装高度及美观程度，元器件是否安错安反。技能反复训练与测试	15				
	④ 正确使用万用表检测稳压电源关键点的电阻和电压	15				
理论知识	习题和思考题	15				
安全文明生产	① 烙铁的安全使用	5				
	② 工具的摆放整齐，元器件焊坏的情况	5				
学习态度	① 出勤情况	5				
	② 实验室和课堂纪律	5				
	③ 团队协作精神	5				

四、个人学习总结

成功之处	
不足之处	
改进方法	

项目四　放大器的制作

　　放大器是电子设备中最重要、最基本的单元电路，其种类繁多，应用十分广泛。一般电子设备总是要带一定负载的，例如音响中的扬声器、自动记录仪中的电动机、继电器中的电感线圈、电视机中的偏转线圈等，而这些负载需供以足够的功率才能发挥其效能。功率放大器就是将输入信号放大并向负载提供足够大信号功率的放大电路。因此，选择一种有代表性的功放电路重点研究，对学习掌握各类放大器具有非常重要的意义，不失为一种较好的学习方式。本项目通过对最为常见的 OTL 功率放大器的制作等活动来学习检测方法，体会操作要领，摸索规律和积累经验，并可在此基础上举一反三、触类旁通地应用于各类放大器的制作、调测和检修实践活动中。

项目学习目标

学习目标		学习方式	学　时
技能目标	① 能正确识别和用万用表检测功放电路的元器件，掌握功放管的选配方法。 ② 学会识读功放的电路图、装配图等图纸，掌握组装工艺，可以完成组装任务。 ③ 掌握 OTL 功放的简单调测方法，学会检修其典型故障。	学生实际制作；教师重点指导调试、测量和维修	12 课时
教学目标	① 理解三极管放大器的基本结构、基本原理和三种组态等基本知识。 ② 掌握功率放大器的用途和分类，理解其基本指标。 ③ 理解 OTL 功放的基本结构、基本原理等基本知识。了解功放电路的一般分析方法。	教师讲授重点：是三极管放大器的基本知识和 OTL 功放的基本知识	12 课时

项目基本功

一、项目基本技能

任务一　使用万用表检查元器件

在功率放大器装配之前，应对所有的元器件进行检测。关于常用元器件的一般检测如项目一所述，不再重复。在这里着重介绍功率管的配对以及热敏电阻的检测。

1．功放管的配对

在 OTL 等对称性功率放大器中，两个功放管 VT_2 和 VT_3 的特性应相同或对称。因此，在安装功率管之前，要进行筛选和配对。一般用晶体管特性图示仪，把 β 值、饱和压降、穿透电流相同或尽可能相近的功放管挑选出来，作为对称管。在配对要求不太严格的情况下，可使用万用表来估测 β 值和穿透电阻进行配对。β 值的估测须用有 h_{FE} 挡的万用表，如 MF-47 型万用表。调好零位后，再把开关转到 h_{FE} 挡处。要注意管型，确保把引脚插进对应的引脚插孔内，并接触良好。

2．热敏电阻的检测

热敏电阻的检测与普通电阻器检测的方法基本相同，但要注意以下几点。

① 热敏电阻的常温检测。热敏电阻的标称电阻值 R_t，是生产厂家在环境温度为 25℃时测得的，所以用万用表测量 R_t 时，也应在环境温度接近 25℃时进行，以保证测试的可信度。注意不要用手捏住热敏电阻体，以防止人体温度对测试产生影响。

② 正温度系数热敏电阻（PTC）的加温检测。可将一热源（例如电烙铁）靠近热敏电阻对其加热，同时用万用表监测其电阻值是否随温度的升高而增大，如是，说明热敏电阻正常，若阻值无变化，说明其性能变劣，不能继续使用。注意不要使热源与热敏电阻靠得过近或直接接触，以防止将其烫坏。

③ 负温度系数热敏电阻（NTC）的加温检测。可用手捏住热敏电阻体加热，但须确保测量功率不得超过其规定值，以免烧坏电阻器。

任务二　识读图纸

图纸识读的重点是电路原理图的正确识读。首先要建立方框图，明确各单元电路的功能及包含哪些元件。其次要理清交流信号流程，熟悉各单元电路间的关系，各单元电路中的各元件的作用。第三，各单元电路只有在得到正常的直流供电情况下，才能完成其功能。因此要清理直流供电关系和直流供电通路。第四，要在掌握基本电路的基础上，重点研究特殊电路。化特殊为一般，能更快提高对电路的识读能力。

在安装之前，还必须对照电路原理图走通装配图，明确各个元件的位置。装配图的正确识读十分关键，既是准确插件、连线必不可少的前提条件，又是做好电路调试、检测等工作的重要基础。

OTL 功率放大器原理图、元器件布置图、安装示意图如表 4-1 所示。VT_1 是推动管，工作在甲类状态。VT_2、VT_3 是互补对称管，VT_3 是 NPN 型，VT_2 是 PNP 型，它们实际上是两个共集电极组态的射极跟随器，都工作在甲乙类状态，其电压增益略小于 1，功率增益主要靠它的电流增益来保证。互补对管的 β 值可在 50～250 内任意选择使用，对配对要求并不十分严格。当然 β 值选大一些，配对性好一些，功率增益可以提高一些，失真也可减少一些。

表 4-1   OTL 功率放大器的原理图、元件布置图与安装示意图

类 别	电 路 图
功率放大器原理图 用 protel 生成 PCB 板图（电路装配图）	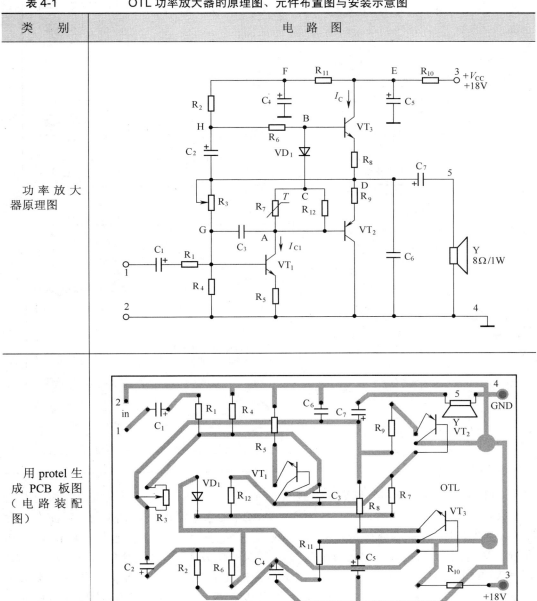

续表

类　别	电　路　图
元 器 件 分 布 图	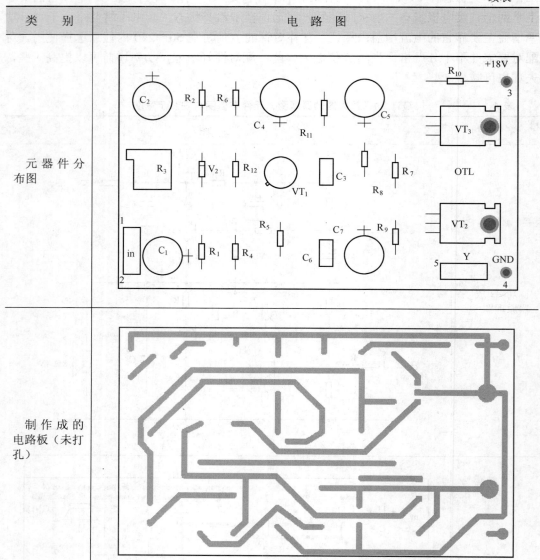
制 作 成 的 电路板（未打孔）	

OTL 功放电源电压是 18V 直流电压。R_{10}、C_5、R_{11}、C_4 再一次组成滤波电路，使电路工作更稳定。VT_2、R_{12}、R_7 为 VT_3、VT_2 提供直流偏置，U_{BA} 在 1V 左右，保证 V_3、VT_2 工作在甲乙类状态。R_{12}、R_7 越大，U_{BA} 越大，I_C 也就越大。调节 R_{12}、R_7 可消除交越失真。R_2、C_2 组成自举电路，可以提高最大不失真功率，减小失真。R_3、R_4 是 V_1 的上下偏置电阻，与 R_5 一起组成分压式偏置电路，保证 VT_1 工作在甲类放大状态，并能稳定其静态工作点。调节 R_3 可改变中点电压 U_D，使 U_D 为电源电压的一半，即 9V。C_3、C_6 是防止高频自激的电容，容量较小；C_1、C_7 是输入、输出耦合电容，一般容量较大。

任务三　OTL 功率放大器的安装

① 根据工艺要求对元器件进行整形和搪锡等处理，做好装配前的准备。

② 按照表 4-1 中的装配图、表 4-2 中的安装工艺要求和电阻器→电容器→二极管→三极管→插接件或连接线的顺序正确安装元器件。每种元器件按它们在电路原理图上的序号先后，在 PCB 板上找到它们的位置，再一一焊接。切忌拿到一个元件或在 PCB 板上见到一个元器件的序号、位置，就焊一个元件。要养成按照一定的顺序焊接的良好习惯，才能减少错焊、漏焊情况。

表 4-2　　　　　　　　　　　　　　元器件的安装工艺参考

序号	元件代号	元件名称规格	数量	安 装 要 求
1	R_1、R_2 $R_4 \sim R_6$ $R_8 \sim R_{12}$	碳膜电阻器	11	① 水平安装，色环朝向应一致，一般水平安装的第一道色环在左边，竖直安装的第一道色环在下边。 ② 电阻体贴紧电路板（1mm 以内）。 ③ 剪脚留头 1mm。 ④ 热敏电阻器的标志朝上
	R_7	热敏电阻器		
2	R_3	微调电位器	1	立式安装，电位器底部离线路板 3mm ± 1mm。正面朝外
3	C_1、C_2、C_4、C_5、C_7	电解电容	5	① 立式安装，注意极性。 ② 电容器底部尽量贴近线路板。 ③ 剪脚留头 1mm
4	C_6 C_3	涤纶电容 瓷介电容	2	① 立式安装，元件标志朝向方便观看的方向。 ② 元件底部离电路板 3mm±1mm。 ③ 剪脚留头 1mm
5	VD_1	2CK84A 或 1N4148	1	水平安装，注意极性，贴近线路板，剪脚留头 1mm
6	V_1 V_3、V_2	3DG1008 3CD511 3DD325	3	VT_1 立式安装，底部离电路板 3mm±1mm，剪脚留头 1mm；VT_2、VT_3 水平安装。注意极性

任务四　OTL 功率放大器的调试

1．通电前的检查

① 对照电路图和 PCB 板，仔细核对元器件的位置、极性是否正确，有无漏焊、错焊和搭锡。

② 特别检查 VD_1 和 R_7、R_{12} 是否焊好，极性是否正确，因为它们开路，会使互补对管 VT_2、VT_3 损坏。

③ 用万用表 R×1k 挡测 3、4 端之间的电阻，正常值应大于 1kΩ。若阻值很小，说明有短路现象，应先排除故障，再通电调整（注：黑表笔接 3 端，红表笔接 4 端）。

2．通电观察和静态调整

① 把输入端 1、2 短接，接上假负载电阻（8Ω/2W）代替扬声器。用 1kΩ 的电位器代替 R_{12}，并把它旋到最小阻值的位置。同时把 R_3 旋到最大阻值的位置。连接好电源，

采用逐步升压的方法，密切观察有无冒烟和异味、元器件是否烫手、电源有无短路等异常现象。若有异常，应立即切断电源检查，并排除故障。实践证明，在低电压下发现和排除故障，可大大减少设备损坏的可能性。待电路完全正常后才能进行下一步。

② 接通电源（＋18V），可先用万用表直流 50V 挡，后改为 10V 挡，测量互补对称功放管 VT_2、VT_3 中点 D 对地电压 U_D，调节 R_3，使该点电压为 $\frac{1}{2}V_{CC}$（即 9V）。

③ 在 VT_3 的集电极电路串入万用表（直流 50mA 挡），调整 1kΩ 电位器，使万用表读数 I_C 为 5～20mA。静态电流太大，电路效率降低且功放管易发热损坏；静态电流太小，输出功率不足且有交越失真。R_{12} 越大，I_C 越大。

④ 重复②、③两步，兼顾 U_D 和 I_C 均达到要求为止。静态工作点的最后确定是在检查失真时完成的。

⑤ 关闭电源，焊下 1kΩ 电位器并测量其阻值。再用相应阻值的固定电阻代替，并焊接在 R_{12} 处。无特殊情况，不得再旋动 R_3 的位置。

3．试听

拆去负载电阻，接上扬声器。拆除输入端 1、2 间的短接线。接通电源（＋18V），用手握螺丝刀金属部分去碰触 VT_1 基极，扬声器中应听到"嘟嘟"声。

输入信号改为录音机输出，输出端接试听扬声器及示波器。开机试听音质和有无失真等情况，并观察语言和音乐信号的输出波形。

4．OTL 功率放大电路的故障检修

① 调 VT_1 偏流时可能出现的问题分析如表 4-3 所示。

表 4-3　　　　　　　　　　　　　　调 VT_1 偏流可能出现的问题分析

序　号	可能出现的问题	可能故障原因
1	偏流过小，调不上去	集电极电路断路；三极管 c 极与 e-b 极断路；三极管 e-b 击穿；上偏置电阻断路、射极电阻断路；基极电路断路或短路
2	偏置电阻过小才能使偏流合适	三极管 β 值太小；三极管 c 极与 e 极接反
3	偏置电阻过大还有较大偏流	下偏置电阻开路；射极电阻短路；三极管击穿、反接、穿透电流太大或 β 太大
4	偏置电阻不动，却有变化的偏流	外信号注入或寄生振荡；三极管穿透电流大
5	偏置电阻稍动，偏流突然变化	微调电位器接触不良；电路有寄生振荡

② OTL 功率放大电路的常见故障分析如表 4-4 所示。

表 4-4　　　　　　　　　　　　OTL 功率放大电路的常见故障分析

序　号	故障现象	可能故障原因	检查部位和措施
1	中点电压 U_D 不正常，调 R_3 无效	VT_1、VT_2、VT_3 或 C_2、C_7 损坏	检测 VT_1、VT_2 和 VT_3 的集电极、基极电位 检测 C_2、C_7 两端电压 断电，将故障元件拆下检测、更换

续表

序 号	故障现象	可能故障原因	检查部位和措施
2	静态基本正常，无声或输出端无信号	信号未输入或未送出	检查外接数据线是否接触良好和 C_1、C_7 是否良好
		信号通道不通	用信号注入法或干扰法、逐级检测信号波形法检查信号通道，确定故障部位
3	有"扑扑"声或"嘟嘟"声	产生低频自激振荡	检测 C_5、C_4 是否开路或失效
4	高频啸叫或功放管工作电流很大	产生高频自激振荡	检测 C_6 和替换 C_3
5	小信号时失真，大信号时基本不失真	功放管偏流太小引起交越失真	重调功放管的静态偏流
6	大信号时失真，小信号时基本不失真	功放管不对称	重新配对功放管
		静态工作点未调好	重调中点电压和静态工作点

二、项目基本知识

知识点一 三极管放大器

利用电子器件把微弱的电信号增强到所需值的电路或设备称为放大电路或称放大器。这里所说的放大，是指信号经电路作用后，其功率获得增大。放大器件总是放大器的核心部件，而三极管是最常用的放大器件。以三极管为核心构成的放大器称为三极管放大器。

三极管的 3 个电极可分别作为输入信号和输出信号的公共端，所以就有共射极、共集极和共基极放大器，即三极管放大器的 3 种组态，如图 4-1 所示。

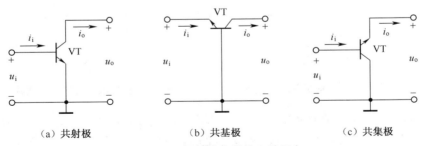

（a）共射极　　　　（b）共基极　　　　（c）共集极

图 4-1 三极管放大器的 3 种组态

共基放大器具有输入阻抗低、输出阻抗高、电流放大倍数小、频率特性好等特点，主要用于较高频率的信号放大等。共集放大器具有输入阻抗高、输出阻抗低、电压增益低等特点，常用作阻抗匹配电路等。共射放大器由于具有很高的功率增益，因而用得最多，但其频率特性差。这里主要讨论共射极放大器。

1. 放大器的基本组成

共射极基本放大器如图 4-2 所示。

三极管 VT 是放大电路的核心，担负着电流放大作用。直流电源 V_{CC} 的作用是使三极管的发射结正偏，集电结反偏，确保三极管工作在放大状态。它又是整个放大电路的能量提供者。R_B 为基极偏置电阻，它和电源一起为基极提供合适的基极电流 I_B，这个电流称为偏置电流。R_C 为集电极直流负载电阻，它一方面给集电极提供合适的直流电位，另一方面通过它将输出信号电流转变为输出信号电压。耦合电容 C_1 和 C_2 的作用有两点，其一是隔断直流；其二是传导交流信号。

可见，一个放大器除了需要核心部分即放大器件以外，通常还需要有偏置电路和耦合电路等。偏置电路用来为放大器提供合适的静态电流与电压，以保证动态下的放大器能始终工作在线性放大状态。常见的偏置电路有固定偏置电路和分压式偏置电路两种。耦合电路则用来实现电信号以尽可能小的衰减、不失真地由一级传送到下一级。最常见的耦合电路有阻容耦合、直接耦合和变压器耦合 3 种。

2. 放大器的基本原理

当放大器无输入信号时（$u_i=0$），电路中的电流、电压都是固定不变的直流量，称为静态。当有输入信号时（$u_i \neq 0$），电路中的电流、电压随输入信号作相应的变化，称为动态。

（1）静态

① 直流通路。只允许直流电流通过的路径，即放大器的直流等效电路。其画法是：电容视为开路，电感看作短路，其他不变。图 4-2 共射极基本放大器的直流通路如图 4-3 所示。

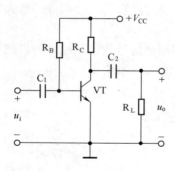
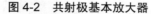

图 4-2　共射极基本放大器

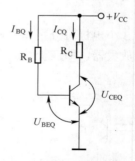

图 4-3　基本放大器的直流通路

② 静态工作点 Q。在静态，三极管具有固定的 I_B、U_{BE} 和 I_C、U_{CE}，它们分别确定了输入和输出特性曲线上的一个点，称为静态工作点，常用 Q 表示。由图 4-3 可得该电路的静态工作点计算公式为

$$I_{BQ} = \frac{V_{CC} - U_{BEQ}}{R_B}, \quad I_{CQ} = \overline{\beta} I_{BQ} \approx \beta I_{BQ}, \quad U_{CEQ} = V_{CC} - R_C I_{CQ}$$

静态时，电源 V_{CC} 分别通过 R_B 和 R_C、R_L 给 C_1、C_2 充电，使 C_1、C_2 两端的电压分别为 U_{BEQ} 和 U_{CEQ}。

（2）动态

当输入正弦信号 u_i 时，该电压通过电容耦合加在三极管发射结上，使发射结两端电压 u_{BE} 等于 u_i 与电容两端电压 U_{BEQ} 之和，即在静态值的基础上变化了 u_{be}（$u_{be}=u_i$）：$u_{BE} = u_i + U_{BEQ} = u_{be} + U_{BEQ}$。

如果静态工作点设置合适，保证在 u_i 的整个周期内，三极管均工作在输入特性曲线的线性区域，i_B 都随 u_{BE} 的变化而变化。因此，i_B 也在静态值 I_{BQ} 的基础上变化了 i_b，即 $i_B = I_{BQ} + i_b$。

由于三极管的电流放大作用，则 $i_C = \beta i_B = \beta I_{BQ} + \beta i_b = I_{CQ} + i_c$。该式说明，集电极电流 i_C 也在静态值 I_{CQ} 的基础上叠加了信号分量 i_c。

由图 4-2 可以看出，$u_{CE} = V_{CC} - i_C R_C = (V_{CC} - I_{CQ} R_C) - i_c R_C = U_{CEQ} + u_{ce}$。该式也表明，$u_{CE}$ 也在静态值 U_{CEQ} 的基础上变化了 u_{ce}。

u_{CE} 中的直流成分 U_{CEQ} 被耦合电容 C_2 隔断，交流成分 u_{ce} 经 C_2 转送到输出端，则

$$u_o = u_{ce} = -i_c R_C$$

式中：负号表明 u_o 与 i_c 反相。由于 i_c 与 i_b、u_i 同相，因此 u_o 与 u_i 反相。只要电路的参数选择适当，u_o 的幅值将比 u_i 的幅值大得多，从而实现了电压放大。

通过以上讨论，可以得出下列几点结论。

① 要使三极管具有电流放大作用，只要它工作在放大区就行了；而要使放大器具有电压放大作用，还需要 u_i 能转化为 i_b，i_c 能转化为 u_o。否则就没有电压放大作用。

② 要放大器完成预定的放大功能，必须遵循以下原则：应具备为放大器提供能源的直流电源。电源的极性与三极管的类型相配合，电阻的阻值与电源电压相配合，始终使管子工作在放大区。信号输入回路的组成，应能使输入信号电压 u_i 在基极产生尽可能大的信号电流 i_b，以控制集电极信号电流 i_c。输出回路的组成，应能产生受基极电流 i_b 控制的集电极电流 i_c，以及 i_c 产生尽可能大的信号电压 u_o，并以尽可能小的损耗输送到负载。为减小信号传输过程中的非线性失真，应用偏置电路给放大器建立合适的静态工作点。

③ 电路中任何一处的电流和电压都是由直流量和交流量叠加而成的，放大器处于交、直流并存的状态。虽然交流量的大小和方向在不断变化，但由于直流量的存在，总的瞬时值都是单向脉动信号。

知识点二　功率放大器的特点和分类

1．功率放大器的特点

放大器的种类很多，性能各异，应用十分广泛。按用途分有电压放大器和功率放大器等。例如，扩音机就是一种最常见的放大器，它的结构如图 4-4 所示。话筒把声音转变成微弱的、大小随声音变化的电信号，该信号叫作音频信号。音频信号先经过电压放大器进行电压放大，以获得幅值足够大的音频电压；再把音频电压信号送到功率放大器进行功率放大，以获得所需的额定功率，去推动扬声器，扬声器再把放大后的音频信号还原成声音。由于经过了放大器的放大，因此扬声器发出的声音比输入话筒的声音大得多。

扩音机放大的是音频信号。所谓"音频"，就是人们能听到的频率范围，即约从 20Hz～

20kHz。因为音频信号的频率比较低，故又称它为低频信号。三极管放大器能够放大的信号频率范围，不仅仅限于音频，有些放大器可以放大射频和视频信号。本项目所讨论的都是低频放大器。

图 4-4　扩音机结构框图

凡是放大器，都是能量转换电路。从能量控制的观点看，功率放大器和电压放大器没有本质的区别。它们都是将电源的直流功率转换成被放大的信号功率，从而起功率和电压放大作用。但是，从完成的任务及要求来看，它们是不同的。电压放大器的主要任务是把微弱的信号电压放大，一般输入及输出的电压和电流都较小，是小信号放大器。它消耗能量小，信号失真小，输出信号的功率也小。讨论的主要指标是电压放大倍数、输入电阻和输出电阻等。功率放大器的主要任务是放大信号功率，它的输入、输出电压和电流都较大，是大信号放大器。它消耗的能量多，信号容易失真，输出信号功率大。因此对它就有一些特殊要求。一要有尽可能大的输出功率，二要有尽可能高的效率，三要有较小的非线性失真，四是功放管要有较好的散热装置。

2．功率放大器的分类

功率放大器是将输入信号放大并向负载提供足够大功率的放大器，通常位于多级放大器的末级。由于功率放大器运行中的信号幅度大，一般在电路结构上采用不同形式，来减小信号的失真，提高输出功率和电路的效率，所以功率放大器的种类繁多。

① 按放大信号的频率分低频功率放大电路，用于放大音频范围内的信号；高频功率放大电路，主要用于放大射频范围内信号。

② 按功放静态工作点的不同状态或功放管导通时间的不同分为以下 4 种。

a．甲类功率放大电路：它的主要特征是在输入信号的整个周期内，功放管始终导通，均有电流通过，如图 4-5（a）所示。这种功放的效率只有 30%左右，最高理想值不过 50%。前面讨论过的电压放大器均工作在甲类放大状态。

b．乙类功率放大电路：功放管的静态偏置电流为零，它只有在输入信号的正半周导通，有电流流过，负半周管子截止，不消耗能量，如图 4-5（b）所示。其效率可提高到 78.5%。通常是用两只功放管轮流交替工作，各自负责放大信号正、负半周，来完成一个完整信号波形的放大。但信号在越过管子的死区时得不到放大而产生交越失真。

c．甲乙类功率放大电路：功放管有较小的静态偏置电流，管子的导通时间大于信号的半个周期，而小于全周。即介于甲类和乙类之间，如图 4-5（c）所示。绝大多数功放采用甲乙类放大状态。

d．丙类功率放大电路：它的特征是管子导通时间小于信号的半个周期。

③ 按输出终端特点分为以下两种。

a．变压器耦合功放，包括甲类单管、乙类和甲乙类推挽功放等。

b．无变压器（互补对称）功放，包括 OTL、OCL、BTL 功放。

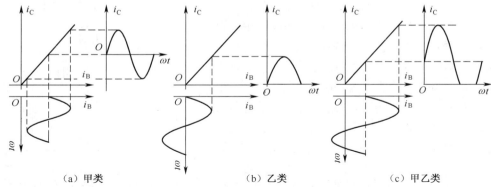

(a) 甲类　　　　　　　　(b) 乙类　　　　　　　　(c) 甲乙类

图 4-5　甲类、乙类、甲乙类功率放大器的工作状态示意图

另外，功率放大器按所使用的器件还可以分为电子管功放、晶体管功放和集成功放。集成功放代表了功率放大器的发展方向。

知识点三　功率放大器的基本指标

1. 最大输出功率 P_{om}

如果输入信号是某一频率的正弦信号，则输出功率等于输出信号电压有效值和电流有效值的乘积，即 $P_o=I_oU_o$。如果输入信号幅度足够大，功放管的工作参数接近极限状态，在允许的失真范围内将达到最大输出功率 P_{om}。

2. 效率 η

功率放大器是大信号放大器，电源消耗是必须考虑的问题。人们总希望消耗尽可能小的直流功率，来获得尽可能大的信号功率，即应尽量提高其效率。放大器向负载所输出的信号交流功率与电源供给的直流功率之比，称为效率，即

$$\eta = \frac{P_o}{P_{DC}} \times 100\%$$

式中：P_o 是放大器输出的信号功率，P_{DC} 为电源提供的直流功率。

3. 非线性失真系数 THD

非线性失真亦称波形失真、非线性畸变，表现为放大器的输出信号与输入信号不成线性关系。由于功放管往往在大的动态范围内工作，电压、电流变化幅度大，就有可能超越输入特性和输出特性曲线的线性区，进入非线性区而造成非线性失真。当输入信号是正弦信号时，输出信号将是非正弦信号。输出信号中谐波电压幅度与基波电压幅度的比值，叫作非线性失真系数，用 THD 表示。显然 THD 值越小越好。功率放大器的非线性失真必须限制在允许的范围内。

4. 输入灵敏度

灵敏度一般指放大器达到额定输出功率或电压时输入端所加信号电压的大小，因此也称为输入灵敏度。

知识点四　OTL 功率放大器

1. OTL 功率放大器的基本结构

OTL 基本电路结构如图 4-6 所示。图中 VT_1、VT_2 是一对特性相近的异型管，VT_1 为

NPN 管，VT$_2$ 为 PNP 管。从连接方式来看，VT$_1$、VT$_2$ 两管是上下对称的，从导电特性来看 NPN 管对正信号导通，PNP 管对负信号导通，两管对称互为补偿。从该电路的交流通路可以看出，两管基极连在一起，为信号的输入端；射极连在一起作为信号的输出端；而集电极则是输入输出信号的公共端，即该电路是两个射极输出器的组合形式。由于射随器具有带负载能力强、输出阻抗低的特点，因此它能和低阻抗的负载相配合。输出耦合电容 C 的容量很大，使 $R_L C$ 比信号的最长周期还大得多。

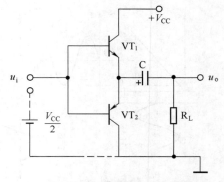

图 4-6　OTL 基本电路结构原理图

电容 C 不仅起耦合作用，而且充当 VT$_2$ 管的电源。该电路处于乙类放大状态。

2．OTL 功率放大器的基本原理

（1）静态

由于 VT$_1$、VT$_2$ 特性对称，所以每管的压降均为 $\frac{1}{2}V_{CC}$，两管子的射极电位等于电源电压的一半，C 上的电压也为 $\frac{1}{2}V_{CC}$。功放管 VT$_1$、VT$_2$ 均零偏截止，两功放管的基极电位也为 $\frac{1}{2}V_{CC}$。

（2）动态

正弦信号电压 u_i 的接入，加在 VT$_1$、VT$_2$ 的基极，基极电位为 $\frac{1}{2}V_{CC}+u_i$。在 u_i 的正半周，VT$_1$ 正偏导通，VT$_2$ 反偏仍截止，输出电流 i_{c1} 由电源正极→VT$_1$ 管→C（被充电）→R_L→地（电源负极），在负载上获得正半周信号。在 u_i 的负半周，VT$_2$ 正偏导通，VT$_1$ 反偏截止，输出电流 i_{c2} 由 C 的正极→VT$_2$ 管→地→R_L→C 的负极（C 被放电），在负载上获得负半周信号。这样，在负载 R_L 上的信号电流 $i_{c1}+i_{c2}$ 就成为一个完整的正弦电流，如图 4-7（a）所示。u_o 的最大振幅可接近 $\frac{1}{2}V_{CC}$，电路的最大输出功率为 $P_{om}=\dfrac{V_{CC}^2}{8R_L}$。此时的能量转换效率最高，理想值为 78.5%。

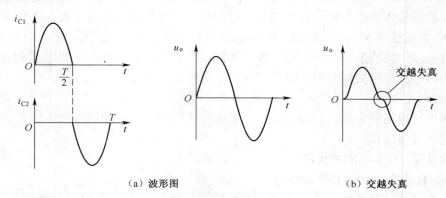

（a）波形图　　　　　　　　　　（b）交越失真

图 4-7　OTL 功放波形

（3）电路的改进

① 克服交越失真。

乙类放大电路的静态电流为零，具有效率高的特点。但有信号输入时，必须要求信号电压大于死区电压时管子才能导通。也就是说，输入信号很小时，达不到三极管的开启电压，三极管不导电。显然在死区范围是无信号电压输出的。因此在输出波形正负半周交界（过零）处会造成失真，这个失真称为交越失真，如图 4-7（b）所示。

为了消除交越失真，可以给功放管加上适当的正向偏压，使两管均处于微导通状态，即工作在甲乙类放大状态。具有偏置电路的 OTL 电路如图 4-8 所示。图中 VT_1 工作在甲类放大状态，VD、R_7、R_{12} 两端的电压 $U_{BA} = U_{BE3} + U_{EB2}$。只要 U_{BA} 适当，即可有效地克服交越失真。VD 和 R_7 还具有温度补偿作用。B、A 间的 VD、R_7、R_{12} 网络，也可用两个二极管的串联或一个电阻和一个二极管的串联等不同电路来代替。

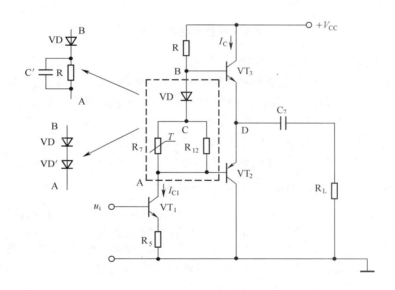

图 4-8　OTL 的偏置电路

② 中点电压的稳定。

在 OTL 电路中，要求 D 点的静态电压恒为 $U_D = \frac{1}{2}V_{CC}$，这个电压又称中点电压。为了维持中点电压的稳定，可将其反馈到前级去，接成如图 4-9 所示的电路，即 VT_1 管偏置电压由 U_D 供给。通过电压并联负反馈的作用，使 U_D 保持基本不变。若温度升高使 $U_D < \frac{1}{2}V_{CC}$，则反馈过程如下：

$$T\uparrow \rightarrow U_D\downarrow \rightarrow U_{B1}\downarrow \rightarrow U_A\uparrow \rightarrow U_B\uparrow$$

$$U_D\uparrow \longleftarrow$$

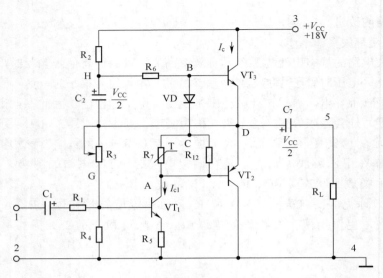

图 4-9 一典型的 OTL 电路

③ 接入自举电路，提高最大输出电压幅度。

从图 4-8 可知，当 u_i 为负半周峰值时，VT$_1$ 管的集电极电压为正半周峰值，A 点电位变正，VT$_3$ 管电流增加。若要极限利用 VT$_3$ 管，此时电流应增大到使 VT$_3$ 接近饱和，D 点电位应接近于 V_{CC}。但 $u_B = V_{CC} - nu_R < V_{CC}$。可见，$u_B$ 和 u_D 都得达不到 V_{CC}。这样输出电压幅度受到限制，VT$_3$ 管得不到充分利用，动态范围小。

图 4-9 所示电路中，C_2 称为自举电容，R_2、C_2 组成具有升压功能的自举电路。静态时，$U_D = \frac{1}{2}V_{CC}$，$U_H = V_{CC} - U_{R2} \approx V_{CC}$，自举电容 C_2 充有电压 $U_{C2} \approx \frac{1}{2}V_{CC}$。动态时，由于 C_2 容量很大，充放电时间常数也很大，所以 C_2 两端电压可视为基本不变，C_2 对交流信号相当于短路。当 u_i 为负半周峰值时，VT$_1$ 管的集电极电压与 u_i 反相，故 u_A 和 u_B 随 u_i 的变负而升高。由于 VT$_3$ 管的跟随作用，u_D 也随之升高，经 C_2 耦合又将 u_H 抬高，导致 u_B 进一步升高，这就是"自举"作用。这种自举作用使 D 点电位上升到接近 V_{CC}，变化了 $\frac{1}{2}V_{CC}$。通过 C_2 把变化了 $\frac{1}{2}V_{CC}$ 的耦合过去，使 H 点电位上升到接近于 $V_{CC} + \frac{1}{2}V_{CC}$，则 u_B 升高到接近于 V_{CC}。这样便有足够的基极电流 i_{B3}，使 VT$_3$ 接近饱和导通，从而使 VT$_3$ 管得以充分利用，提高了最大不失真功率。自举电路实为一电压并联正反馈电路，它把 H 点的电位"自举"了一个变化量。R_2 为隔离电阻，它的作用是把 H 点和电源隔开，为 H 点的电位升高创造条件。若不接 R_2，则 H 点电位将被固定在 V_{CC} 的位置。

④ 用复合管解决大功率管配对难的问题。

大功率管的 β 值往往较小，大功率异型管的配对也比较困难。在实际应用中，往往采用复合管来解决这两个问题。

复合管就是用两只或多只三极管按一定规律组合成的一个等效的三极管，又叫达林顿管。由两只三极管组成的复合管如图 4-10 所示，前管 VT$_1$ 是小功率管，其共射电流放大系数为 β_1。小功率管的配对较易。后管 VT$_2$ 是大功率管，其共射电流放大系数为 β_2。大功率同型管也较易配对。复合管的类型与 VT$_1$ 相同，共射电流放大系数 $\beta \approx \beta_1\beta_2$。

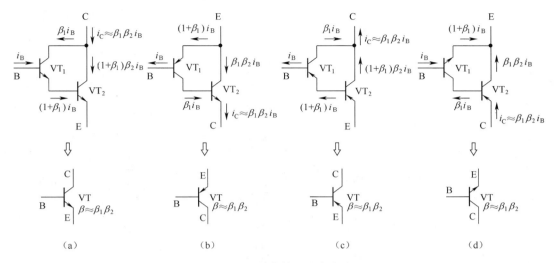

图 4-10 复合管的组合方式

　　从图 4-10 可知，大管为一同型管，小管为一异型管，它们分别组合后，可得到一对特性相近的高 β 值的异型大功率管，从而满足了大功率 OTL 电路的需要。

　　复合管提高了电流放大系数，也增大了穿透电流，使其热稳定性变差。为克服这个缺点，通常在 VT_2 的基极接一分流电阻 R，如图 4-11 所示。这样 R 将 VT_1 的穿透电流 I_{CEO1} 分流一部分，使进入 VT_2 管的穿透电流减小，从而减小了总的穿透电流 I_{CEO}。

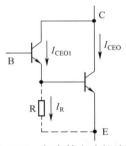

图 4-11 复合管电路的改进

　　OTL 电路的性能指标已很不错，但由于用电容耦合，低频端的频响较差，且产生一定的附加相移。加上纸卷电解电容含有一定的寄生电感，容易诱发寄生振荡。因此有必要去掉耦合电容，改用功放管与负载直接连接的直耦电路，即 OCL 功率放大电路。

知识点五　OCL 功率放大电路

　　OCL 功放电路如图 4-12 所示。无输出耦合电容，改用功放管与负载直接连接。频率特性好，失真更小，电路更加稳定。但须用双电源供电，且开机时冲击电流大。

　　1．用复合管提高功率输出级的电流放大倍数

　　如图 4-12 所示，VT_4、VT_6 组成 NPN 型复合管，VT_2、VT_7 组成 PNP 型复合管。两者组成复合互补功率输出级。从而提高了输出级的电流放大倍数，同时也降低了对前级大推动电流的要求。

　　2．用差分放大输入级抑制零漂

　　VT_1、VT_2 组成差分输入级，利用电路的对称性及共模负反馈等措施，控制输出级中点电位不受温度等因素的影响，而保证静态零输出，同时提高电路对共模信号的抑制能力。

　　3．其他元件的作用

　　VT_3 为激励级，推动功率输出级。C_5 为高频负反馈电容，防止 VT_3 高频自激。

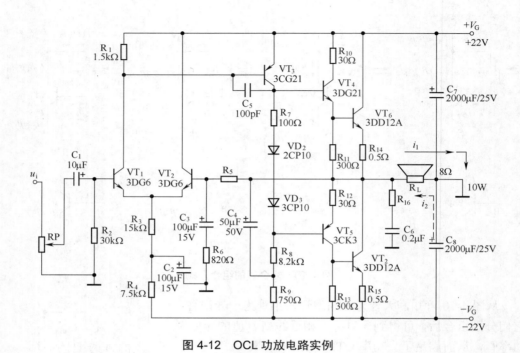

图 4-12　OCL 功放电路实例

R_7、VD_8、VD_9 组成 VT_4、VT_6 和 VT_5、VT_7 复合管基极偏置电路，静态时，使其工作在微导通状态，防止产生交越失真。

R_5、C_3、R_6 组成电压串联负反馈电路，稳定电压增益，并减小非线性失真。

R_{16}、C_6 组成避免感性负载引起高频自激的中和电路。

R_4、C_2 是差放电源滤波电路。

C_4 为自举电容，提高输出级的增益，并使输出电压正负半周对称，提高最大不失真输出功率。

4. 信号放大过程

u_i 正半周时，经 VT_1 管、VT_3 管两次放大和反相，VT_3 管集电极信号 u_3 为正半周，则 VT_4、VT_6 导通，i_1 经 R_{14}、R_L、地、V_G 返回 VT_4、VT_6 形成回路，R_L 有信号输出。

u_i 负半周时，u_3 为负半周，则 VT_5、VT_7 导通，i_2 经 R_{15}、$-V_G$、地、R_L、R_{12} 返回 VT_5、VT_7 形成回路，R_L 有信号输出。这样反复循环，R_L 上获得功率放大后的完整信号。

项目学习评价

一、习题和思考题

① 放大电路为什么要设置合适的静态工作点？

② 如图 4-13 所示的偏置电路中，热敏电阻 R_t 具有负温度系数，问能否起到稳定静态工作点的作用？如将热敏电阻 R_t 并接在 R_{B2} 两端呢？

③ 功率放大器的作用是什么？对它有哪些要求？它与电压放大器有哪些区别？

④ 试说明甲类、乙类和甲乙类功率放大器的区别。

⑤ 什么是功率放大器的效率？乙类功放比甲类功放效率高的原因是什么？

⑥ OTL 功放电路中，输出耦合电容有什么特殊作用？

⑦ 如何选配功率管？怎样安全使用功率管？

⑧ 接入自举电路为什么能够扩大输出电压的动态范围？

⑨ 为防止损坏功放管，调试 OTL 功放时应注意什么问题？

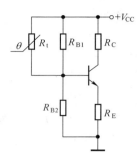

图 4-13　题②图

⑩ 功放管常处于接近极限工作状态，在选择功放管时必须特别注意哪 3 个参数？

⑪ 交越失真产生的原因是什么？怎样克服交越失真？

⑫ 在 OTL 功放电路中，若两管的 β 值不同会出现什么问题？若一管脱焊又会产生什么问题。

⑬ 一个半导体收音机，采用甲类单管功放作为末级，是否关小音量比开大音量省电？哪一种情况下管子的寿命更长些？若末级采用 OTL 功放呢？

⑭ 一个半导体收音机的末级是 OTL 功放电路，发现它在音量小时，失真很严重，音量开大，失真不显著，这可能是什么原因？如何消除？

⑮ 什么是 OCL 电路？它与 OTL 相比有什么优点？

⑯ 你所制作的 OTL 功放出现过哪些故障？是如何检修的？

⑰ 你在 OTL 功放制作中遇到过哪些问题？是怎样处理解决的？

二、技能反复训练与测试

① 选择合适的仪表挡次检测 OTL 功放所使用的半导体管，并将结果填入表 4-5 中。

表 4-5　　　　　　　二极管、三极管检测结果

元 件 代 号	BE 间电阻		BC 间电阻		CE 间电阻		β
	正向	反向	正向	反向	正向	反向	
VT$_1$							
VT$_2$							
VT$_3$							
VD	正向电阻　　　　　　　；　　　　　　反向电阻　　　　　　。						
备注							

② 安装好 OTL 功放电路板后，通电试验前，用万用表 R×1k 挡测 3、4 端之间的电阻，$R_{34} =$_____Ω。功放工作正常后，测得电源电压 $V_{CC} =$_____V，中点电压 $U_D =$_____V，静态电流 $I_C =$_____mA，$I_{C1} =$_____mA，整机电流 $I =$_____mA。并填写表 4-6。

表4-6 各点的静态电位或静态电流

测试量	U_{E1}	U_{B1}	U_{C1}	U_{E3}	U_{B3}	U_{C3}	U_{E4}	U_{B4}	U_{C4}
测量值									
测试量	U_A	U_B	U_C	U_D	U_E	U_F	U_G	U_H	I_{C1}
测量值									
参考值	8.2V	9.6V	8.8V	9V	17V	16V	0.18V	13.2V	4mA

三、自评、互评及教师评价

实训考核评分标准参考表4-7，实训考核参考表4-8。

表4-7 实训考核评分标准

序号	项目	考核内容及要求	配分	评分标准	得分
1	元件识别检测	① 型号、极性和标称值的识读、识别； ② 用万用表对元器件进行检测和判别，将不合格元器件筛选出来进行更换	20	不会识读、识别或检测，每个扣1分；损坏一个元器件扣3分	
2	安装工艺	按装配图进行装接，要求不错装，不损坏元器件，无虚焊、漏焊和搭锡，焊点光滑干净	10	元器件有漏装、错装或虚焊、搭锡，每个扣1分，损坏元器件每个扣2分	
		元器件排列整齐，并符合工艺要求	6	元器件安装不整齐和不符合工艺要求的每个扣1分	
3	电路调试	① 调整中点电压为 $V_{CC}/2=9V$； ② 调整功放管静态电流 ≤20mA； ③ 整机总电流 $I≤25mA$； ④ 各点电压应符合表4-6中数据	2 2 10	调整不在9V左右扣2分； 调整大于20mA扣2分； 整机电流太大扣2分； 与静态电压要求太远扣6分	
4	试听答题	① 试听音质。 ② 随机抽取5个问题即时回答（参考习题和思考题）	5	无声不给分，音质差扣3分。 不会答不给分，不规范每题扣2分	
7	技能评定总分			教师签名	

表4-8 实训考核表

评价项目	项目评价内容	分值	自我评价	小组评价	教师评价	得分
实操技能	① 元件识别检测	20				
	② 安装工艺	10				
	③ 电路调试	20				
	④ 试听答题	5				
理论知识	习题和思考题	10				
安全文明生产	① 工具的使用	5				
	② 仪器的摆放整齐和安全使用	5				
学习态度	① 出勤情况	5				
	② 实验室和课堂纪律	5				
	③ 团队协作精神	5				

四、个人学习总结

成功之处	
不足之处	
改进方法	

项目五 六管超外差收音机的组装

📹 项目情境创设

　　收音机是一种典型的无线电接收装置，它具有电路简单，结构完善的特点，社会拥有量庞大，在知识点上，它基本涵盖模拟电路大部分内容。通过对调幅收音机的组装和调试，在模拟电路基本理论的基础上，了解调幅收音机的输入调谐回路、变频电路、中放电路和自动增益控制电路、检波电路和音量控制电路、前置音频放大电路和音频功率放大电路的结构，理解调幅收音机的工作原理，掌握调幅收音机的组装和调试方法。

✏️ 项目学习目标

	学习目标	学习方式	学　时
技能目标	① 掌握音频变压器、双联电容器的使用方法及检测手段。 ② 能识别元器件，并且能使用万用表检查收音机的元器件，并完成组装任务。 ③ 掌握基本读图、调试、排除故障等基本技能。	学生实际制作；教师指导调试和维修	10课时
教学目标	① 了解超外差收音机的电路组成。 ② 熟悉超外差收音机的电路原理。 ③ 掌握和理解无线电发射与接收的基本理论。	教师讲授重点：调幅收音机输入调谐回路、变频电路、中放电路和自动增益控制电路、检波电路	6课时

✊ 项目基本功

一、项目基本技能

任务一　元器件的识别

　　首先进行材料准备工作和对于一些特殊元器件要进行主要了解，如对中频变压器（俗称中周）、双联电容器、音频变压器、振荡线圈要进行实际测量，并能够说出它们的作用。

组装调幅收音机所选用元器件如表 5-1 所示。

表 5-1　　　　　　　　　　　　　　　　元器件参数及数量

序号	元件名称	参数或规格	数量	序号	元件名称	参数或规格	数量
1	电阻器	100Ω	1 只	21	三极管	8050D	1 只
2	电阻器	430Ω	1 只	22	中周一套		3 只
3	电阻器	560Ω	2 只	23	变压器一套		2 只
4	电阻器	5.1kΩ	1 只	24	天线线圈		1 只
5	电阻器	13kΩ	1 只	25	磁棒		1 根
6	电阻器	56kΩ	2 只	26	喇叭		1 只
7	电阻器	100kΩ	1 只	27	导线	7cm	2 根
8	电位器	5kΩ	1 只	28	导线	14cm	1 根
9	电容器	103	1 只	29	导线	11cm	1 根
10	电容器	271	1 只	30	螺丝	3*30	1 只
11	电容器	223	4 只	31	螺丝	1.7*4	1 只
12	电容器	473	2 只	32	螺丝	2.5*3	2 只
13	电容器	1μF	3 只	33	螺丝	2.5*8	1 只
14	电容器	100μF	1 只	34	线路板		1 块
15	电容器	470μF	1 只	35	磁棒支架		1 只
16	双连电容器	223P	1 只	36	正极片		1 只
17	二极管	1N4148	2 只	37	负极簧		1 只
18	三极管	9018H	2 只	38			
19	三极管	9018F	1 只	39			
20	三极管	9014D	1 只	40			

任务二　使用万用表检查元器件

使用万用表检测感性元件和晶体三极管，如表 5-2 所示。

表 5-2　　　　　　　　使用万用表检测感性元件和晶体三极管

元器件符号	检测实物图	操作说明
		用万用表的电阻挡对音频变压器的一次侧进行测量，输入变压器的一次侧电阻值为几百欧姆，输出变压器的一次侧电阻为几欧姆，不同的收音机型其阻值不同，所测量的阻值有所偏差，但是一般来说输入变压器的阻值都比输出变压器的阻值大
		中频变压器的测量也使用万用表的电阻挡进行测量，一次侧的阻值均为几欧姆，若无断路现象，均可视为正常

续表

元器件符号	检测实物图	操作说明
C_1 C_2		双联电位器的测量：用万用表的电阻挡，任意一支表笔接触中间的固定端，另外一支表笔接滑动端，并旋转双联的旋钮，若过程中没有出现导通和手感不良现象，均可视为正常
c b e		三极管的测量：将万用表旋转 h_{FE} 挡位，根据不同类型的三极管分别查到三极管放大系数测量插座进行测量，尤其要主要注意不同的单元级所用的三极管放大系数也不尽相同，实测值为：变频级、中放级均为 100 左右，检波级为 70 左右，功放前置级为 700 左右，功放末级为 300 左右

任务三　识读图纸（原理图、原件布置图和安装示意图）

读图是学习电子电路的一项基本功，既有读图的基本技能，又有读图的基本知识，缺一不可。那么什么是基本技能呢？从本项目中，将整机电路分成若干个局部基本电路是基本技能。那么什么是基本知识呢？从本项目中，将整机电路信号流程画出来是基本知识。下面通过表 5-3 来熟悉读图的具体内涵。

表 5-3　　　　　　　　　　　　各种图纸

名称	原理图及实物图	图纸说明
收音机原理图	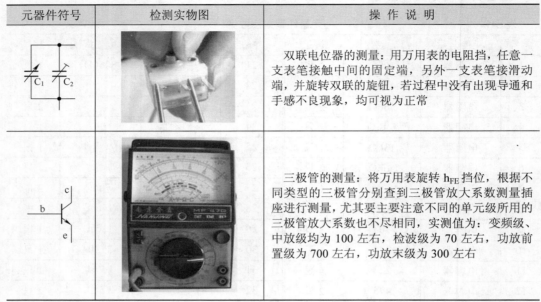 1—输入回路；2—本级振荡；3—振荡网络；4—第一中放；5—第二回路；6—第三回路；7—功率放大级	

续表

名称	原理图及实物图	图 纸 说 明
整体结构布局图	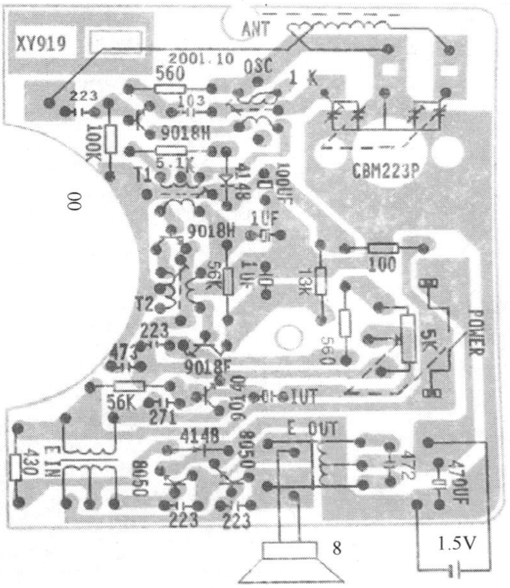	在电子电路安装过程中，整体结构布局，首先应考虑电气性能上的合理性，其次要尽可能注意整齐美观。 　　一般整体结构布局要合理，要根据电路板或面包板的面积，合理布置元器件的密度。当电路较复杂时，可由几块电路板组成，相互之间再用连线或电路板插座连成整体。要充分利用每块电路板的使用面积，并尽量相互间的连线。为此，最好按电路功能的不同分配电路板
元器件安放图	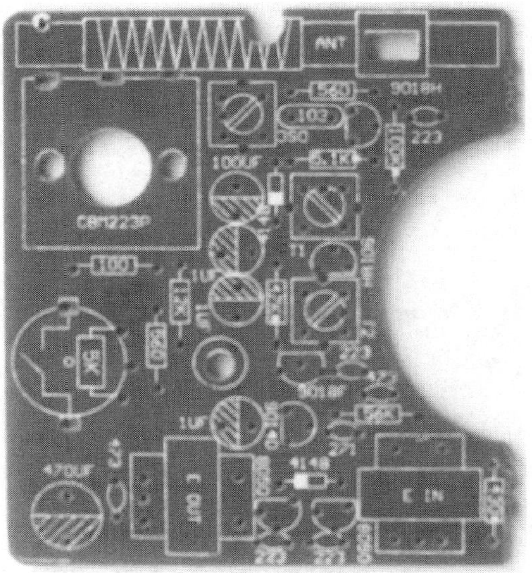	① 元器件的安置要便于调试、测量和更换。电路图中相邻的元器件，在安装时原则上应近安置。不同级的元器件不要混在一起，输入级和输出级之间不能靠近，以免引起级与级之间的寄生耦合，使干扰和噪声增大，甚至产生寄生振荡。 　　② 元器件的标志（如型号和参数）安装时一律向外，以便检查。元器件在电路板上的安装方向原则上应横平竖直。查接集成电路时首先要认清引脚排列的方向，所有集成电路的插入方向应保持一致，集成电路上有缺口或小孔标记的一端一般在左侧。 　　③ 元器件的安置还应注意中心平衡和稳定，对较重的元器件安装时，高度要尽量降低，使中心贴近电路板。对于各种可调的元器件应安置在便于调整的位置

续表

名称	原理图及实物图	图 纸 说 明
印制电路板图	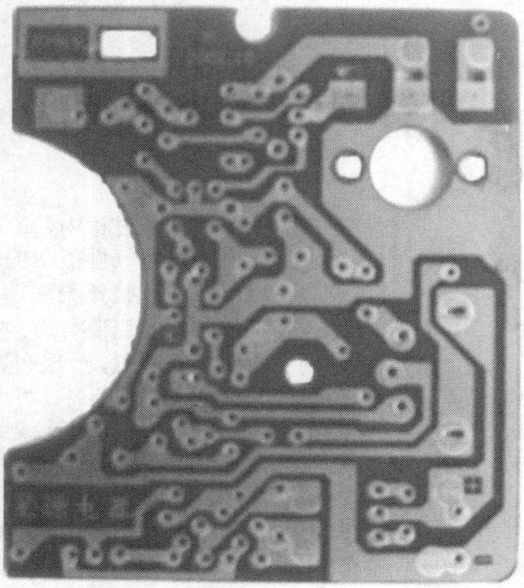	印制电路板
机芯图		① 对于有磁场产生相互影响和干扰的元器件，应尽可能分开或采取自身屏蔽。如有输入变压器和输出变压器时，应将两者相互垂直安装。 ② 发热元器件（如功率管）的安置要尽可能靠电路板的边缘，有利于散热，必要时需加装散热器。为保证电路稳定工作，晶体管、热敏器件等对温度敏感的元器件要尽量远离发热元器件
整机内部图	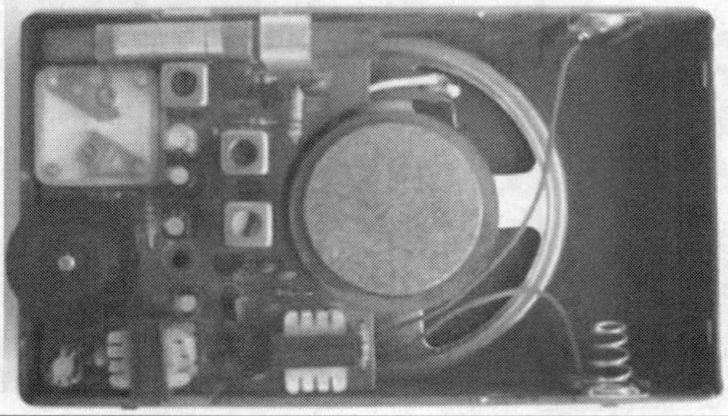	整齐美观

任务四　收音机的组装、静态工作点的调整和调试

1．收音机的组装

　　调幅收音机的组装分为 5 部分：第一是音频功放和前置音频放大电路的组装；第二是检波电路和音量控制电路的组装；第三是中放电路和自动增益控制电路的组装；第四是变频电路的组装；第五是输入调谐回路的组装。5 个部分虽然是一个整体，但由于各部分功能相对独立，分步骤介绍各单元在 PCB 板上的组装、调试和检测过程。具体如表 5-4 所示。

表 5-4　　　　　　　　　　　　　调幅收音机的组装过程

组装单元	印制电路板图和实物图	组装说明
（1）前置音频放大电路和功放电路的组装	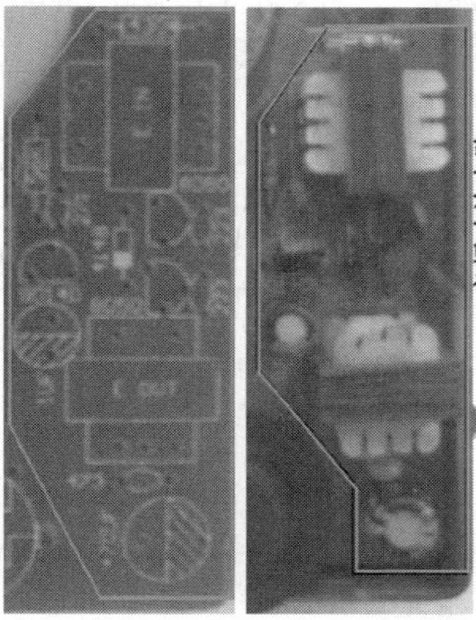	该单元主要由三极管 VT_4、VT_5、VT_6 和输入音频变压器、输出音频变压器以及偏置电阻、耦合电容等 13 个元器件组成，使用元器件较多，但安装调试简单，是调幅收音机的基本单元部分。实际收音机的元器件布局，如左图所示。 　　前置音频放大电路中使用的三极管 VT_4 为 9014D，功放电路使用的两个三极管是 8050D，安装时注意极性。输入音频变压器 T4 和输出音频变压器 T_5 形状相同，但作用不同。输入音频变压器的一次侧阻值约 44Ω，而输出音频变压器二次侧阻值仅有 3.8Ω 左右，不可安装错误
（2）检波电路和音量控制电路的组装		该电路主要有检波三极管 VT_3、检波电阻 R_5 和检波电容 C_{13} 构成。检波电路的负载是由 R_7 和 RP_1 构成的音量调节电路。R_4 与 R_5 同时又是 VT_3 的偏置电阻
（3）中放电路和自动增益控制电路的组装	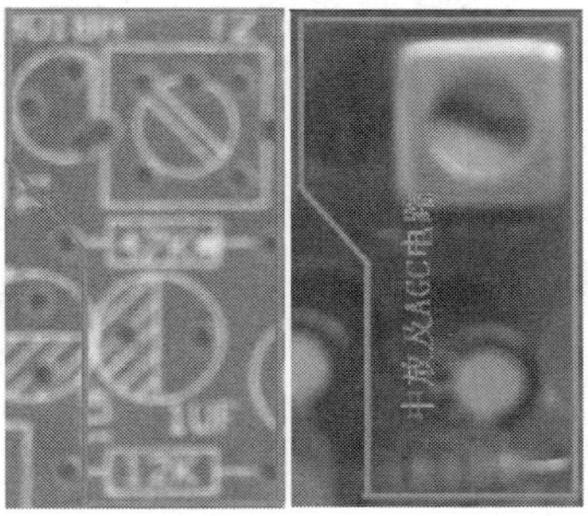	该电路主要由中放三极管 VT_2、中周 T_3 构成，R_4、R_5 构成了该放大电路的偏置电路，同时 R_4、R_5 和 C_9 又构成了 AGC 控制电路。通过调整 R_4 可以调整 VT_2 和 VT_3 的静态偏置

续表

组装单元	印制电路板图和实物图	组装说明
（4）变频电路的组装		该电路主要由三极管 VT$_1$、本振线圈 T1、双连电容和中周 T2 等构成。本振线圈与中周线圈主要的区别是中周有内附电容。 组装完毕变频电路，在短接输入双连电容的情况下，通过调整 R_1 的阻值，可以调整 VT$_1$ 的静态工作点，使三极管 VT$_1$ 工作靠近于非线性区，既可以用于本振电路，又可以用于混频电路。此时通电可以通过双踪示波器在 VT$_1$ 的射极观察到等幅振荡波，如下图所示
（5）输入调谐回路的组装		输入调谐回路只由两个器件构成，即双连可调电容和调谐线圈。焊接之前一定要检查调谐线圈是否断路，双连电容是否碰片。 输入调谐回路安装完毕，调整双连电容就可以接收到电台发射的高频已调波，如下图所示

2．调幅收音机的整机调试

（1）静态工作点的调整

各级放大电路工作正常与否首先取决于三极管的静态工作点是否适当。调整静态工作点就是调整收音机中各级晶体管的集电极电流或基极偏压。

① 检查电池的电压应不小于 1.35V，否则更换新的电池。

② 临时短路双连可变电容，使收音机处于"静态"，即无信号输入。

③ 将被调整的单元电路的上偏置电阻用一个保护电阻和一个电位器串联代替。保护电阻的阻值取电路图中上偏置电阻的一半，电位器的阻值取电路图中上偏置电阻的 1～2 倍，如图 5-1 所示。

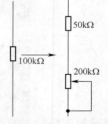

图 5-1　将电阻与电位器串联以代替上偏置电阻

④ 将电流表串入集电极电路中，电流挡位调整为 10mA 挡，注意表笔极性应与电路保持一致。

⑤ 旋动电位器，观察电流表指针摆动位置，当电流表指示与该级集电极电流的额定值相同时，就可切断电源。然后用欧姆表测出此时保护电阻和电位器的串联值，最后用一等值的电阻作为该电路的上偏置电阻。

（2）中频频率调整

中频频率的调整是决定超外差式收音机的灵敏度和选择性的关键。调整中频频率的关键是将各中频调谐回路都准确地调谐在 465kHz 上。

① 将高频信号发生器的载波频率调为 465kHz，调制信号的频率调为 1000Hz，调制度为 30%。然后通过 1000pF 的电容将信号耦合到 VT_2 的基极，用无感起子调整中周 T3 的磁芯，直到收音机声音最响亮，如图 5-2 所示。

图 5-2　调整中放电路的中周

② 再将信号耦合到 VT_1 的基极，调整中周 T2 的磁芯，直到收音机声音最响亮，如图 5-3 所示。

图 5-3　调整混频电路的中周

（3）频率范围调整

频率范围调整的目的是保证收音机能够接收到整个波段范围内的所有电台的信号。

对于中波收音机应能够接收 525～1605kHz 的信号，且收音机接收的频率应与它所表示的刻度频率一致。

① 拆除双连可调电容上的短接线。

② 将高频信号发生器的输出接到环行天线，输出一个 510kHz 的中波下限信号，将双连电容全部旋进，用无感起子调节本振电感线圈 T1 的磁芯，使收音机的输出音量最大，如图 5-4 所示。

图 5-4　调整本振线圈的电感

③ 将高频信号发生器输出信号的频率调整为 1620kHz，将双连电容全部旋出，调节振荡电路上的补偿电容 C_7，使收音机的音量最大，如图 5-5 所示。

图 5-5　调整本振线圈的补偿电容

④ 将上述②和③反复多次，频率调整结束。

3．统调

根据统调理论，只要做到 3 点统调，就能使整个频率范围的统调误差最小。中波段 3 点统调一般选择在 600kHz、1000kHz 和 1500kHz 3 个频率点上。在实际调整中，中间点统调靠本振中的垫整电容来保证，只需统调头尾两点就可以了。

① 先使高频信号发生器输出频率为 600kHz 的调幅信号，调整收音机双连可变电容，使之收到 600kHz 的信号，然后调整输入调谐回路线圈 L_2 的磁棒位置，使收音机在此刻音量最大，完成低端统调，如图 5-6 所示。

② 调整高频信号发生器，使它输出频率为 1500kHz 的调幅信号，调整收音机双连可变电容，使之收到 1500kHz 的信号，然后调整输入回路微调电容 C_2，也使收音机在此刻音量最大，完成高端统调，如图 5-7 所示。

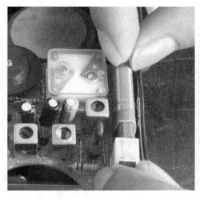 

图 5-6　调整输入调谐回路的电感　　　　图 5-7　调整输入调谐回路的电容

③ 再反复上述步骤多次，统调结束。

任务五　故障分析与处理

当总装完成通电之后，由于各种原因都可能会导致所制作的调幅收音机产生故障。表 5-5 所示是调幅收音机常见故障现象。

表 5-5　　　　　　　　　　调幅收音机常见故障明细表

序号	故障现象	故 障 原 因	检 查 部 位	说　明
（1）	完全无声	扬声器损坏	拆下扬声器测量是否断路	万用表测量
		电源开关损坏	拆下电池测量开关是否接触不良	
		电源供给支路断路	测量开关后 100μF 电容上是否有工作电压	
		电池无电	直接测量电池的路端电压	
		低放电路有故障	检查低放电路是否工作	
（2）	收不到电台但有背景噪声	变频级损坏	测量变频级工作点是否正常	万用表测量
		中放级损坏	测量中放级工作点是否正常	
		检波级有故障	测量检波级工作点是否正常	
		低频放大器损坏	测量低频放大器工作点是否正常	
（3）	声音失真	低放级工作点不合适	测量低频放大器工作点是否正常	万用表测量
		元器件性能不良	重点检查三极管和中频变压器	
		扬声器不良	检查扬声器是否正常	

续表

序号	故障现象	故 障 原 因	检 查 部 位	说　明
（4）	灵敏度低	中放级工作点不合适、β 值低	测量静态工作点,测量三极管的 β 值	万用表测量
		调谐回路失谐或 Q 值低	检查中频变压器,重点检查电容是否失效	扫频仪
		统调未进行好	双连可调电容器	
		中放级工作点不合适、β 值低或本振电压太低	测量静态工作点,测量三极管的 β 值	万用表测量
（5）	音量弱	低放增益不足	检查前置放大电路	万用表测量
		扬声器卡住	检查扬声器	
		电源电压过低	检查电池电压	
（6）	啸叫	各级旁路电容失效	检查旁路电容	万用表测量
		中和电容失效	检查中和电容	
		去耦滤波电容失效	检查滤波电容失效	
		中频放大器损坏	检查中频变压器或放大电路	扫频仪
		本振电压过强	检查本振电路	示波器
（7）	噪声大	某级晶体管不良	检查三极管或更换三极管	万用表测量
		静态工作点不合适	测量静态工作点	
		元件存在虚焊		观察
（8）	收音间断	元件焊接不良或 PCB 有断裂	整个线路板	观察或测量
		电池夹接触不良	观察电池夹是否生锈	观察
		电源开关接触不良	检查开关	万用表测量
（9）	混台	磁性天线线圈断	测量磁性天线线圈	万用表测量
		双连可变电容内部接触不良		
		中频变压器失谐	检查中频变压器	扫频仪
		中频变压器内部开路或谐振电容开路	检查中频变压器,重点检查电容是否失效	
		本振电压太低或停振	检查本振电路	示波器测量
（10）	调谐失灵	度盘或指针线断或拉线盘与双连电容轴脱离	检查拉线盘与双连电容轴是否脱离	万用表测量
		双连可变电容内部动片与转轴脱离	检查双连可变电容内部动片与转轴脱离	

二、项目基本知识

知识点一　无线电基础知识

1. 电磁波

声音是由物体的振动产生的。声音的音调高低是由声源振动的频率决定的，人耳可以听到的频率范围大约在 20～20000Hz。声波依靠空气进行传播，但传播的距离有限。为了远距离传播，人们首先发明了有线广播，但它必须在借助于导线才能实现信息的远距离传递。有没有一种能脱离导线，可以在空间自由漫游的电信号呢？科学家找到了答案，那就是电磁波。电磁波是由于电磁振荡而产生的可以在空间自由传播的无线电波。

电磁振荡是怎样产生的？电磁场是一种客观存在的特殊物质。从物理学知识知道，在变化的磁场周围会引起变化的电场，而变化的电场周围又会引起变化的磁场，由磁场和电场不断地互相交替产生，这就是电磁振荡。就能把电磁场向四周空间传播开来。这种向四周空间传播的电磁场就称为电磁波。电磁波的频谱范围很宽，通常所说的光、紫外线、红外线以及用于广播和通信的无线电波都属于电磁波。

2. 无线电波的划分与传播途径

（1）无线电波的划分

无线电波在空间的传播速度 C 相当于光速（约为30万公里/秒），在一个振荡周期 T 内传播的距离称为波长 λ，在一秒钟之内产生的振荡次数称为频率 f，三者之间的关系可用下式表示为

$$\lambda = C/f \tag{式 5-1}$$

式中：λ 的单位是米（m），f 的单位是赫[兹]（Hz），C 的单位是米/秒（m/s）。

由式 5-1 可知，频率与波长成反比，即频率越高，波长越低。国际上把无线电波分为几个波段，各波段的相应参数和主要用途如表 5-6 所示。

表 5-6　　　　　　　　　　无线电波段的划分

波段名称	频段名称	波长范围	频率范围	主要用途
超长波	甚低频 VLF	$10^4 \sim 10^5$m	3～30kHz	海上远距离通信
长波	低频 LF	$10^3 \sim 10^4$m	30～300kHz	电报通信
中波	中频 MF	$10^2 \sim 10^3$m	300～3000kHz	无线电广播
短波	高频 HF	10～100m	3～30MHz	无线电广播、电报通信和业余无线电通信
米波	甚高频 VHF	1～10m	30～300MHz	无线电广播、电视、导航等
分米波	特高频 UHF	1～10dm	300～3000MHz	电视、雷达、导航等
厘米波	超高频 SHF	1～10cm	3～30GHz	雷达、卫星、无线电接力通信
毫米波	极高频 EHF	1～10mm	30～300MHz	雷达、卫星、无线电接力通信
亚毫米波	超极高频	1mm 以下	300MHz 以上	无线电接力通信

（2）无线电波的传播

　　无线电波是以向四周空间辐射的形式进行传播的，频率相差较大的无线电波其传播规律和应用也不同，其主要传播方式有绕射、直射（透射）和反射（折射）3 种。

　　① 绕射传播。绕射指电磁波绕着地球的弯曲表面传播。采用绕射传播的无线电波也称地波，这种传播的特点是地面对其损耗较小，传播距离较远且较稳定，但其透射和反射能力较差。在长、中波段的无线电广播、发射标准时间信号以及海上通信和导航等应用中一般采用绕射方式传播。

　　② 反射传播。反射主要利用电离层与地面的反射（折射）进行传播。采用反射传播的无线电波也称天波，其特点是地面对其损耗较大，稳定性较差，绕射能力较差。应用于短波段和米波段的无线电广播、电报、电视、无线电通信等一般采用反射方式传播。

　　③ 直射传播。直射传播是指发射天线发出的无线电波，在空间沿直线直接传播到接收天线上的传播方式。采用直射传播的无线电波也称空间波，这种传播方式因电离层对其几乎没有反射能力，而且地面对其损耗很大，稳定性较差，绕射能力也较差，所以传播距离较近，约为视距（小于 100km）。在米波段的电视、雷达、无线电接力通信等一般采用直射方式传播。

　　3．信号的调制与解调

　　（1）无线电波发射的条件

　　无线电广播的作用主要是快速、准确、大面积和远距离地传送声音、图像和文字等信息。理论和实践证明，要实现上述目的，直接传播声音、图像和文字是不可能的，它至少会带来四大弊病，一是传播距离太短，二是会造成声（光）污染，三是相互间的干扰不可避免，四是保密程度等于零。

　　利用天线可以把无线电波向空中发射出去，但天线长度必须和电波波长相对应（约为 1/10）才能有效地发射。若直接发射音频和视频信号，不但上述四大弊病没有解决，而且天线的制造也是不可能的。

　　只有频率相当高的电磁场才具有较强的辐射能力，因此必须利用频率较高的无线电波才能满足传送信号的要求。其基本方法是将需要传送的低频信息加载到高频上去，然后利用天线发射到空间。不同的发射机可以采用不同的高频频率，并使彼此互不干扰，同时可以避免上述的弊病。

　　（2）调制与解调

　　由于电磁波的发射能力与频率的四次方成正比，而声波的频率较低，人们便将由声波所产生的音频信号调制到较高频率的无线电波（高频载波）上得以发射并顺利实现远距离的传播。将带有信息的调制信号加载到载波信号上去的过程称为调制。调制的方式主要有调幅（AM）、调频（FM）和调相（PM）3 种。无线电广播中调制的方法常见有两种，即"调幅"和"调频"。调幅就是使高频振荡电流的振幅随调制信号改变而改变。这里要组装的收音机就是调幅收音机。调幅收音机的作用就是将各个电台发射到空中的高频已调波信号经筛选、接收、放大，然后再将音频信号从高频已调波信号中检取出来（这个过程称作检波），再通过低频功放进行功率放大，驱动扬声器发出声音。

　　通常，将带有信息的低频信号称为调制信号；将载运有用信息的高频无线电波称为载波信号；使载波信号的某项参数（例如振幅、频率或相位）按照调制信号的变化规律而变化的过程称为调制；将调制后的高频载波信号称为已调信号，也称调制波，如图5-8（a）所示。

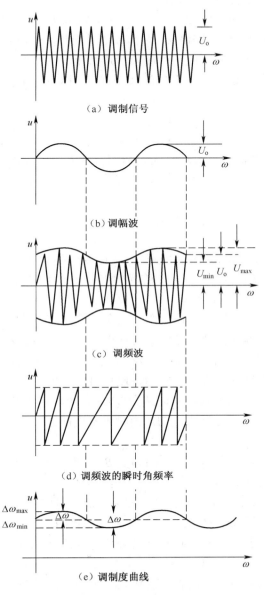

（a）调制信号

（b）调幅波

（c）调频波

（d）调频波的瞬时角频率

（e）调制度曲线

图5-8　调幅波和调频波

① 调幅。调幅是指载波信号的幅度变化规律跟随调制信号的变化而变化，其特征是：

a. 载波信号幅度变化的大小与调制信号幅度变化的大小成正比；

b. 载波信号幅度变化的规律与调制信号幅度变化的规律完全相同；

c. 载波信号的频率保持不变，其波形如图5-8（b）所示。

由此可见，调幅后已调信号的包络变化包含了调制信号的全部内容，如图 5-8（c）所示。

经调幅处理后的已调波就是调幅信号，其频带宽度与调制信号的频率有关，为调制信号最高频率的两倍，如图 5-8（d）所示。国际规定调幅广播的频道间隔为 9kHz，因此调制信号的最高频率也只能是 4.5kHz。而音频信号的频率范围是 20Hz～20kHz，这也是采用调幅方式进行信号传输时不能进行高质量声音重放的主要原因。

把调制信号 U_Ω 对载波信号 U_o 振幅的调制程度，称为调制度 m_a，如图 5-8（e）所示，并可用下式表示为

$$m_a = \frac{\Delta\omega_{max} - \Delta\omega_{min}}{\Delta\omega_{max} + \Delta\omega_{min}} \times 100\%$$

调制度 m_a 越大，载波振幅变化越大，解调后的输出信号也就越大，但是如果 m_a 过大将会使上下包络线重合或过重合而出现明显失真，所以 m_a 一定是小于 1 的。一般规定 $m_a = 30\%$。

② 调频。调频是指载波信号的频率变化规律跟随调制信号的变化而变化，其特征是：

a. 载波信号频率变化的多少与调制信号幅度变化的大小成正比；

b. 载波信号频率变化的规律与调制信号幅度变化的规律完全相同；

c. 载波信号的幅度保持不变。

由此可见，调频后载波信号的频率变化包含了调制信号的全部内容，如图 5-8 所示。通常，将调频波的瞬时频率 f 与原高频载波频率 f_c 之差定义为频偏 Δf，即 $\Delta f = f - f_c$。

调频时，声音越强，频偏就越大，反之越小。国际规定调频广播的最大频偏为 ±75kHz。同理，为表征调制程度，将由调制信号振幅的变化而产生的最大频偏与调制信号的频率 F 之比定义为调频系数（调频指数）m_f，即 $m_f = \Delta f / F$。

由于 $\Delta f \geqslant F$，很明显 m_f 是远大 1 的，由频带宽度的定义可知，调频信号所占的有效频宽为：$B = 2(m_f + 1)F$。

由于频宽较宽，国际规定调频广播的频宽 $B = 200kHz$。由于 B 远大于音频信号的带宽，所以调频可获得高保真的传输。

③ 调相。使载波信号的相位变化规律跟随调制信号的变化而变化，其特征是：

a. 载波信号相位变化的多少与调制信号幅度变化的大小成正比；

b. 载波信号相位变化的规律与调制信号幅度变化的规律完全相同；

c. 载波信号的幅度保持不变。

由此可见，调相后载波信号的相位变化包含了调制信号的全部内容。由于调相也会引起调频，所以其已调波波形与图 5-8（d）所示的调频波波形相似。

④ 解调。解调是调制的逆过程。它是指从已调信号中不失真地取出原调制信号，滤除载波信号和其他干扰信号的过程。不同的调制方式其相应的解调方式也是不同的。

4. 无线电波的发送

如图 5-9 所示为调幅广播发射机的方框图。一台广播发射机必须包括 4 个部分：一是低频部分，其作用是将声音变换为电信号并放大、整理形成调制信号；二是高频部分，

其作用是高频正弦波信号的产生、放大，形成载波信号；三是调制器部分，其作用是完成调制信号对高频载波的调制，形成已调信号；四是高频功率放大器和天线部分，其作用是完成对已调信号的功率放大并经传输线送入天线发射出去。

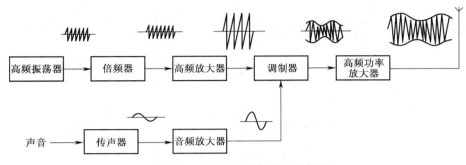

图 5-9　调频广播发射机的方框图

传声器（也称话筒）和音频放大器的作用是把声音变换成调制器所需的一定强度的音频电信号，即调制信号。

高频振荡器和倍频器的作用是产生等频、等幅的高频正弦波振荡信号，即载波信号，它的频率就是电台的节目频率。

高频放大器的作用是将载波信号放大到调制器所需的强度，并提高信噪比。

调制器和高频功率放大器的作用是将音频信号按要求调制到载波信号上，形成已调信号。并用高频功率放大器将已调信号进行放大，由传输线送至天线，实现电波的发射。无线电波接收原理将在知识点二中介绍。

知识点二　调幅收音机的电路工作原理图、方框图和电路分析

1．收音机的主要性能指标

① 频率接受范围

即波段，指收音机所能收听的频率范围。中波收音机的频率范围为 535～1605Hz。

② 灵敏度

表示收音机接收微弱无线电信号的能力。通常以磁性天线所处的电磁波的电场强度表示灵敏度。单位：mV/m。

③ 选择性

指收音机挑选电台的能力。选择性好的收音机接收信号时只接收所选台的发音，而无其他电台杂音。选择性的大小是以输入信号失谐±10kHz 时灵敏度衰减程度来衡量。

④ 不失真输出功率

指收音机在一定失真范围以内的输出功率。

⑤ 电源消耗

表示电源接通后电源输出的电流大小。

2．调幅收音机的电路原理图

调幅收音机是电路结构比较简单的无线电产品，使用的是常见的电子元器件。但它采用的是无线接收机通用的超外差的工作方式。包含了常见的单元电路，是学习电子技术的基础。图 5-10 所示是星源牌 919 型晶体管超外差收音机的电路原理图。

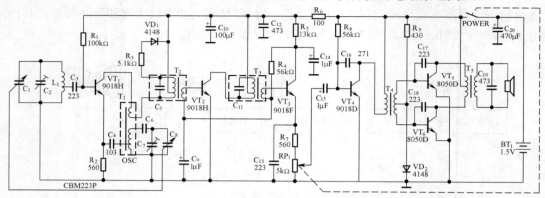

图 5-10　调幅收音机原理图

3．调幅收音机工作原理方框图

调幅收音机工作原理方框图如图 5-11 所示，由输入回路、变频电路、中放及 AGC 控制、检波电路和低放电路 5 部分组成，其信号流程是：由天线从空中接收到高频无线信号后，由输入回路从众多的电台中挑选出所需要收听的广播电台的高频已调波；送给变频电路中与本振电路产生的本振信号混频后取得差频 465kHz，送往中放电路进行中频放大；使收音机即可以避免高频自激、波形失真，又有着较高的灵敏度；放大后的中频信号经三极管检波后送往低放电路，由前置放大进行电压放大，功放电路进行功率放大后驱动扬声器发声。

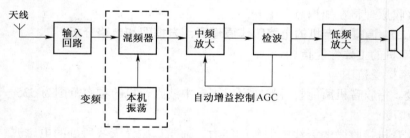

图 5-11　超外差收音机方框图

4．调幅收音机电路分析

调幅收音机电路分析如表 5-7 所示。

表 5-7　　　　　　　　　　　调幅收音机电路分析知识点

知识点	电路图及特性曲线	知识要点
（1）输入调谐回路	（a）收音机的输入调谐回路	输入调谐回路的作用是接收频道范围内的外来电台信号，进行选台、滤除邻近电台的干扰信号；进行输入回路与前后级间的阻抗匹配。图（a）为输入调谐回路的基本电路。

续表

知识点	电路图及特性曲线	知 识 要 点
（1）输入调谐回路	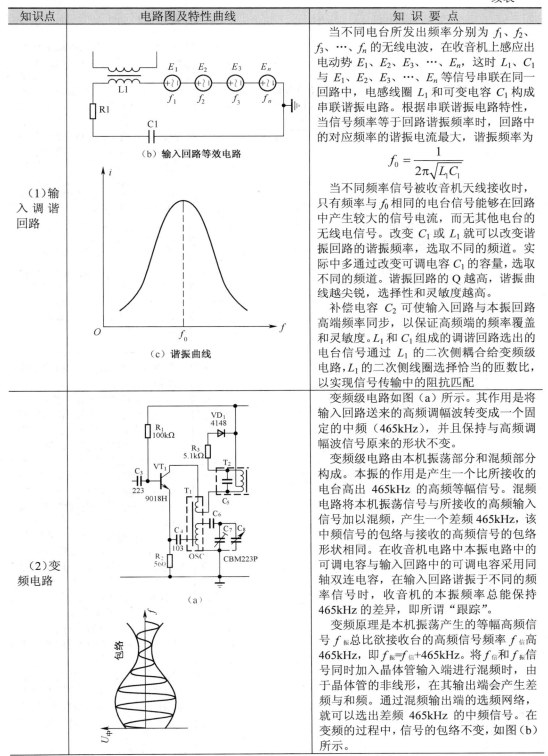 （b）输入回路等效电路 （c）谐振曲线	当不同电台所发出频率分别为 f_1、f_2、f_3、…、f_n 的无线电波，在收音机上感应出电动势 E_1、E_2、E_3、…、E_n，这时 L_1、C_1 与 E_1、E_2、E_3、…、E_n 等信号串联在同一回路中，电感线圈 L_1 和可变电容 C_1 构成串联谐振电路。根据串联谐振电路特性，当信号频率等于回路谐振频率时，回路中的对应频率的谐振电流最大，谐振频率为 $$f_0 = \frac{1}{2\pi\sqrt{L_1 C_1}}$$ 当不同频率信号被收音机天线接收时，只有频率与 f_0 相同的电台信号能够在回路中产生较大的信号电流，而无其他电台的无线电信号。改变 C_1 或 L_1 就可以改变谐振回路的谐振频率，选取不同的频道。实际中多通过改变可调电容 C_1 的容量，选取不同的频道。谐振回路的 Q 越高，谐振曲线越尖锐，选择性和灵敏度越高。 补偿电容 C_2 可使输入回路与本振回路高端频率同步，以保证高频端的频率覆盖和灵敏度。L_1 和 C_1 组成的调谐回路选出的电台信号通过 L_1 的二次侧耦合给变频级电路，L_1 的二次侧线圈选择恰当的匝数比，以实现信号传输中的阻抗匹配
（2）变频电路	（a） 包络	变频级电路如图（a）所示。其作用是将输入回路送来的高频调幅波转变成一个固定的中频（465kHz），并且保持与高频调幅波信号原来的形状不变。 变频级电路由本机振荡部分和混频部分构成。本振的作用是产生一个比所接收的电台高出 465kHz 的高频等幅信号。混频电路将本机振荡信号与所接收的高频输入信号加以混频，产生一个差频 465kHz，该中频信号的包络与接收的高频信号的包络形状相同。在收音机电路中本振电路中的可调电容与输入回路中的可调电容采用同轴双连电容，在输入回路谐振于不同的频率信号时，收音机的本振频率总能保持 465kHz 的差异，即所谓"跟踪"。 变频原理是本机振荡产生的等幅高频信号 $f_{振}$ 总比欲接收台的高频信号频率 $f_{信}$ 高 465kHz，即 $f_{振}=f_{信}+465kHz$。将 $f_{信}$ 和 $f_{振}$ 信号同时加入晶体管输入端进行混频时，由于晶体管的非线形，在其输出端会产生差频与和频。通过混频输出端的选频网络，就可以选出差频 465kHz 的中频信号。在变频的过程中，信号的包络不变，如图（b）所示。

知识点	电路图及特性曲线	知 识 要 点
（2）变频电路	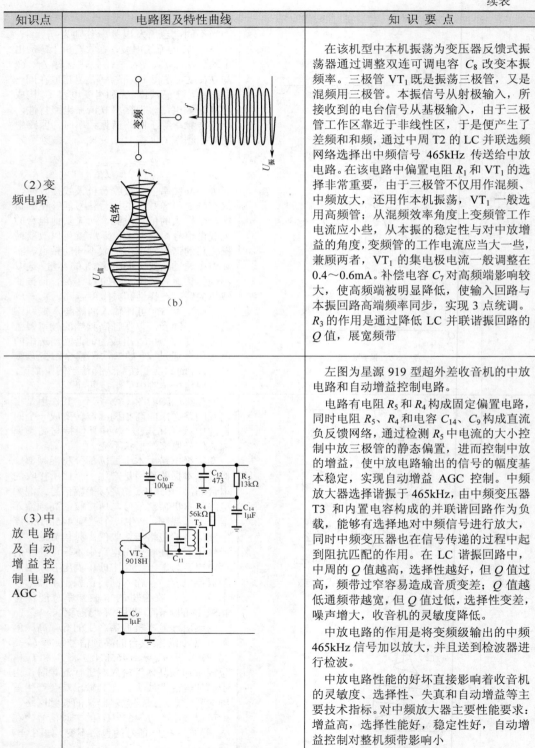	在该机型中本机振荡为变压器反馈式振荡器通过调整双连可调电容 C_8 改变本振频率。三极管 VT_1 既是振荡三极管，又是混频用三极管。本振信号从射极输入，所接收到的电台信号从基极输入，由于三极管工作区靠近于非线性区，于是便产生了差频和和频，通过中周 T2 的 LC 并联选频网络选择出中频信号 465kHz 传送给中放电路。在该电路中偏置电阻 R_1 和 VT_1 的选择非常重要，由于三极管不仅用作混频、中频放大，还用作本机振荡，VT_1 一般选用高频管；从混频效率角度上变频管工作电流应小些，从本振的稳定性与对中放增益的角度，变频管的工作电流应当大一些，兼顾两者，VT_1 的集电极电流一般调整在 $0.4 \sim 0.6mA$。补偿电容 C_7 对高频端影响较大，使高频端被明显降低，使输入回路与本振回路高端频率同步，实现 3 点统调。R_3 的作用是通过降低 LC 并联谐振回路的 Q 值，展宽频带
（3）中放电路及自动增益控制电路 AGC		左图为星源 919 型超外差收音机的中放电路和自动增益控制电路。 电路有电阻 R_5 和 R_4 构成固定偏置电路，同时电阻 R_5、R_4 和电容 C_{14}、C_9 构成直流负反馈网络，通过检测 R_5 中电流的大小控制中放三极管的静态偏置，进而控制中放的增益，使中放电路输出的信号的幅度基本稳定，实现自动增益 AGC 控制。中频放大器选择谐振于 465kHz，由中频变压器 T3 和内置电容构成的并联谐振回路作为负载，能够有选择地对中频信号进行放大，同时中频变压器也在信号传递的过程中起到阻抗匹配的作用。在 LC 谐振回路中，中周的 Q 值越高，选择性越好，但 Q 值过高，频带过窄容易造成音质变差；Q 值越低通频带越宽，但 Q 值过低，选择性变差，噪声增大，收音机的灵敏度降低。 中放电路的作用是将变频级输出的中频 465kHz 信号加以放大，并且送到检波器进行检波。 中放电路性能的好坏直接影响着收音机的灵敏度、选择性、失真和自动增益等主要技术指标。对中频放大器主要性能要求：增益高，选择性能好，稳定性好，自动增益控制对整机频带影响小

续表

知识点	电路图及特性曲线	知 识 要 点
（4）检波电路与音量控制电路	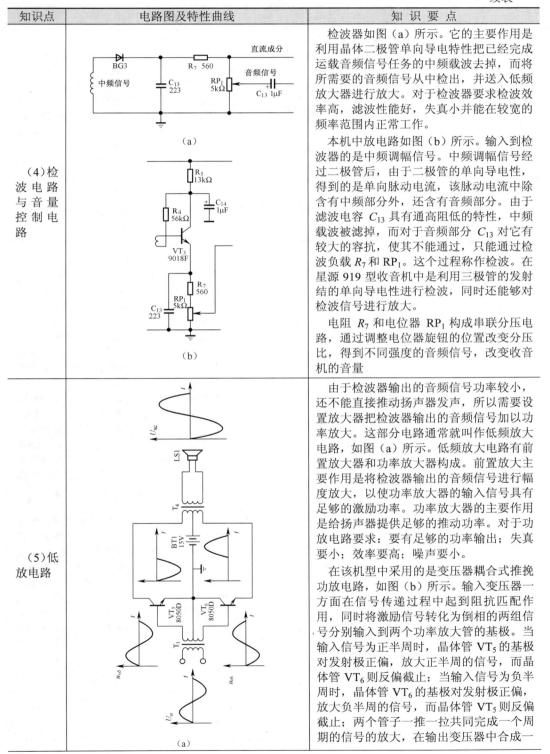	检波器如图（a）所示。它的主要作用是利用晶体二极管单向导电特性把已经完成运载音频信号任务的中频载波去掉，而将所需要的音频信号从中检出，并送入低频放大器进行放大。对于检波器要求检波效率高，滤波性能要好，失真小并能在较宽的频率范围内正常工作。 本机中放电路如图（b）所示。输入到检波器的是中频调幅信号。中频调幅信号经过二极管后，由于二极管的单向导电性，得到的是单向脉动电流，该脉动电流中除含有中频部分外，还含有音频部分。由于滤波电容 C_{13} 具有通高阻低的特性，中频载波被滤掉，而对于音频部分 C_{13} 对它有较大的容抗，使其不能通过，只能通过检波负载 R_7 和 RP_1。这个过程称作检波。在星源919型收音机中是利用三极管的发射结的单向导电性进行检波，同时还能够对检波信号进行放大。 电阻 R_7 和电位器 RP_1 构成串联分压电路，通过调整电位器旋钮的位置改变分压比，得到不同强度的音频信号，改变收音机的音量
（5）低放电路		由于检波器输出的音频信号功率较小，还不能直接推动扬声器发声，所以需要设置放大器把检波器输出的音频信号加以功率放大。这部分电路通常就叫作低频放大电路，如图（a）所示。低频放大电路有前置放大器和功率放大器构成。前置放大主要作用是将检波器输出的音频信号进行幅度放大，以使功率放大器的输入信号具有足够的激励功率。功率放大器的主要作用是给扬声器提供足够的推动功率。对于功放电路要求：要有足够的功率输出；失真要小；效率要高；噪声要小。 在该机型中采用的是变压器耦合式推挽功放电路，如图（b）所示。输入变压器一方面在信号传递过程中起到阻抗匹配作用，同时将激励信号转化为倒相的两组信号分别输入到两个功率放大管的基极。当输入信号为正半周时，晶体管 VT_5 的基极对发射极正偏，放大正半周的信号，而晶体管 VT_6 则反偏截止；当输入信号为负半周时，晶体管 VT_6 的基极对发射极正偏，放大负半周的信号，而晶体管 VT_5 则反偏截止；两个管子一推一拉共同完成一个周期的信号的放大，在输出变压器中合成一

知识点	电路图及特性曲线	知 识 要 点
（5）低放电路	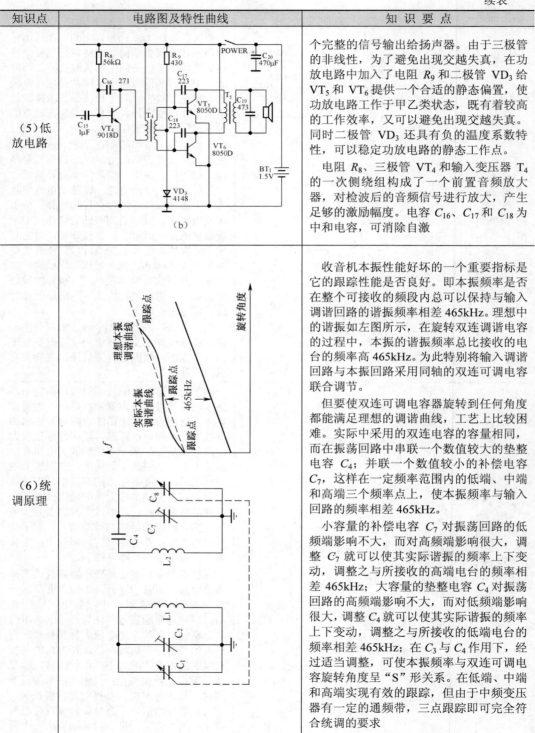	个完整的信号输出给扬声器。由于三极管的非线性，为了避免出现交越失真，在功放电路中加入了电阻 R_9 和二极管 VD_3 给 VT_5 和 VT_6 提供一个合适的静态偏置，使功放电路工作于甲乙类状态，既有着较高的工作效率，又可以避免出现交越失真。同时二极管 VD_3 还具有负的温度系数特性，可以稳定功放电路的静态工作点。 电阻 R_8、三极管 VT_4 和输入变压器 T_4 的一次侧绕组构成了一个前置音频放大器，对检波后的音频信号进行放大，产生足够的激励幅度。电容 C_{16}、C_{17} 和 C_{18} 为中和电容，可消除自激
（6）统调原理		收音机本振性能好坏的一个重要指标是它的跟踪性能是否良好。即本振频率是否在整个可接收的频段内总可以保持与输入调谐回路的谐振频率相差465kHz。理想中的谐振如左图所示，在旋转双连调谐电容的过程中，本振的谐振频率总比接收的电台的频率高465kHz。为此特别将输入调谐回路与本振回路采用同轴的双连可调电容联合调节。 但要使双连可调电容器旋转到任何角度都能满足理想的调谐曲线，工艺上比较困难。实际中采用的双连电容的容量相同，而在振荡回路中串联一个数值较大的垫整电容 C_4；并联一个数值较小的补偿电容 C_7，这样在一定频率范围内的低端、中端和高端三个频率点上，使本振频率与输入回路的频率相差465kHz。 小容量的补偿电容 C_7 对振荡回路的低频端影响不大，而对高频端影响很大，调整 C_7 就可以使其实际谐振的频率上下变动，调整之与所接收的高端电台的频率相差465kHz；大容量的垫整电容 C_4 对振荡回路的高频端影响不大，而对低频端影响很大，调整 C_4 就可以使其实际谐振的频率上下变动，调整之与所接收的低端电台的频率相差465kHz；在 C_3 与 C_4 作用下，经过适当调整，可使本振频率与双连可调电容旋转角度呈"S"形关系。在低端、中端和高端实现有效的跟踪，但由于中频变压器有一定的通频带，三点跟踪即可完全符合统调的要求

知识点三　各种放大电路

放大电路是模拟电路中最基本的单元电路，单元电路又是电子电路的基本要素之一。由此可见其重要意义。

（1）放大电路的动态工作原理

当输入信号 u_i 加到放大电路输入端时，电路就由静态转入放大信号的动态。即当 u_i 输入后，通过 C_1 耦合使晶体管发射结上的电压发生了变化。放大电路动态工作时各物理量的情况如图 5-12 所示。

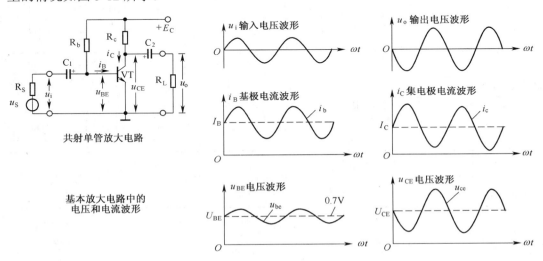

图 5-12　放大电路的动态工作时各物理量

（2）放大电路的基本分析方法主要有静态分析和动态分析

三极管 3 种基本电路的静态分析和动态分析如表 5-8 所示。

表 5-8　　　　　　　　　　三极管 3 种基本电路的静态分析和动态分析

基本电路 ＼ 知识点	共射放大电路	共基极放大电路	共集电极放大电路
电路图	（电路图）	（电路图）	（电路图）
静态工作点计算	$I_{BQ}=\dfrac{V_{CC}-U_{BEQ}}{R_b+(1+\beta)R_e}$ $I_{CQ}=\beta I_{BQ}$ $U_{CEQ}\approx V_{CC}-I_{EQ}$ (R_C+R_e)	$U_B\approx\dfrac{R_{b1}}{R_{b1}+R_{b2}}V_{CC}$ $I_{CQ}\approx I_{EQ}=\dfrac{U_B-U_{BE}}{R_e}$ $U_{CEQ}=V_{CC}-I_{CQ}(R_C+R_e)$	$I_B=\dfrac{U_{CC}-U_{BE}}{R_b+(1+\beta)R_e}$ $I_E=(1+\beta)I_B$ $U_{CE}=U_{CC}-I_ER_E$

续表

基本电路 知识点	共射放大电路	共基极放大电路	共集电极放大电路
交流通路			
等效电路			
电压放大倍数 A_u	$\dot{A}_u = -\dfrac{\beta(R_C/\!/R_L)}{r_{be}}$	$A_u = \dfrac{u_o}{u_i} = \dfrac{-\beta i_b R'_L}{-i_b r_{be}} = \dfrac{\beta R'_L}{r_{be}}$	$A_u = \dfrac{u_o}{u_i} = \dfrac{(1+\beta)\,R'_L}{r_{be} + (1+\beta)\,R'_L} \approx 1$ $\leqslant 1$
输入电阻 R_i	$R_i = R_b/\!/r_{be}$ $r_{be} = r_{bb'} + (1+\beta)\dfrac{26mV}{I_{EQ}}$	$R_i = R_E /\!/ \dfrac{r_{be}}{(1+\beta)}$ $r_{be} = r_{bb'} + (1+\beta)\dfrac{26mV}{I_{EQ}}$	$r_i = R_b/\!/[r_{be} + (1+\beta)\,R'_L]$ $r_{be} = r_{bb'} + (1+\beta)\dfrac{26mV}{I_{EQ}}$
输出电阻 R_o	$R_o = R_c$	$R_o = R_c$	$r_0 = \dfrac{u_0}{i_0} = \dfrac{R_e(r_{be} + R'_s)}{(1+\beta)\,R_e + (r_{be} + R'_s)} R'_s$ $= R_b /\!/ R_s$ $\beta \gg 1 \quad r_0 \approx \dfrac{r_{be} + R'_s}{\beta}$
输入、输出相位	反向	同相	同相
功率放大倍数	大（数千倍）	较大（数百倍）	小（数十倍）
电流放大倍数	大（几十到二百倍）	$\leqslant 1$	大（几十到三百倍）
稳定性	差	较好	较好
频率特性	差	好	好
失真情况	较大	较小	较小
应用范围	放大及开关电路等	高频放大及振荡电路	阻抗变换电路

（3）其他各种放大电路

表 5-9 　　　　　　　　　　　　　3 种放大电路静态和动态分析

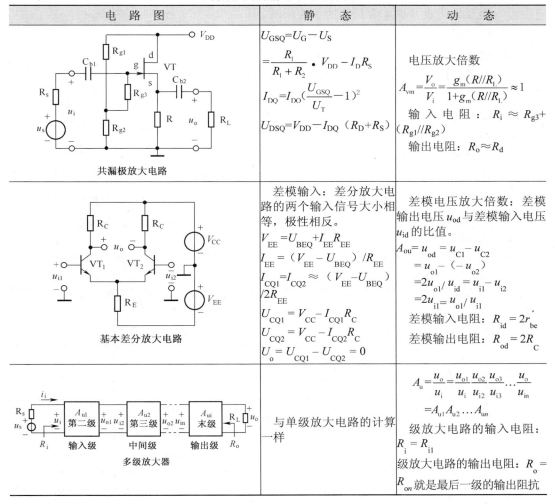

电 路 图	静 态	动 态
共漏极放大电路	$U_{GSQ}=U_G-U_S$ $=\dfrac{R_1}{R_1+R_2}\cdot V_{DD}-I_DR_S$ $I_{DQ}=I_{DO}\left(\dfrac{U_{GSQ}}{U_T}-1\right)^2$ $U_{DSQ}=V_{DD}-I_{DQ}(R_D+R_S)$	电压放大倍数 $A_{vm}=\dfrac{V_o}{V_i}=\dfrac{g_m(R//R_L)}{1+g_m(R//R_L)}\approx1$ 输入电阻：$R_i\approx R_{g3}+$ $(R_{g1}//R_{g2})$ 输出电阻：$R_o\approx R_d$
基本差分放大电路	差模输入：差分放大电路的两个输入信号大小相等，极性相反。 $V_{EE}=U_{BEQ}+I_{EE}R_{EE}$ $I_{EE}=(V_{EE}-U_{BEQ})/R_{EE}$ $I_{CQ1}=I_{CQ2}\approx(V_{EE}-U_{BEQ})$ $/2R_{EE}$ $U_{CQ1}=V_{CC}-I_{CQ1}R_C$ $U_{CQ2}=V_{CC}-I_{CQ2}R_C$ $U_o=U_{CQ1}-U_{CQ2}=0$	差模电压放大倍数：差模输出电压 u_{od} 与差模输入电压 u_{id} 的比值。 $A_{ou}=u_{od}=u_{C1}-u_{C2}$ $=u_{o1}-(-u_{o2})$ $=2u_{o1}/u_{id}=u_{i1}-u_{i2}$ $=2u_{i1}=u_{o1}/u_{i1}$ 差模输入电阻：$R_{id}=2r'_{be}$ 差模输出电阻：$R_{od}=2R_C$
多级放大器	与单级放大电路的计算一样	$A_u=\dfrac{u_o}{u_i}=\dfrac{u_{o1}}{u_i}\dfrac{u_{o2}}{u_{i2}}\dfrac{u_{o3}}{u_{i3}}\cdots\dfrac{u_o}{u_{in}}$ $=A_{u1}A_{u2}\ldots A_{un}$ 级放大电路的输入电阻： $R_i=R_{i1}$ 级放大电路的输出电阻：$R_o=$ R_{on} 就是最后一级的输出阻抗

当然，放大电路的形式不仅仅以上 3 种，例如前面和后面讲到功率放大电路、振荡电路、本讲中音频放大电路、选频放大电路，以及后面要讲的运算放大电路等。

总之，放大电路的核心是静态分析和动态分析，抓住这两点就掌握模拟电路的核心。

项目学习评价

一、习题和思考题

① 无线电信号有哪几种传输方式?

② 无线电信号有哪几种传输途径?它们有何特点?各适用于哪些波段?

③ 简述无线电信号的发射过程。

④ 怎样判断扬声器、输入变压器、输出变压器的好坏?

⑤ 任何一个中周偏离调谐点，对音量有何影响？

⑥ 如何调节各中周变压器？

⑦ 简要说明收音机本级振荡的工作原理。

⑧ 简要说明收音机统调的工作原理。

⑨ 请回答收音机各级的静态电流值。

⑩ 在图 5-13 所示的放大电路中，已知
$V_{CC}=12V$，$R_{B1}=60k\Omega$，$R_{B2}=20k\Omega$，$R_C=3k\Omega$，
$R_E=3k\Omega$，$R_S=1k\Omega$，$R_L=3k\Omega$，三极管的 $\beta=50$，
$U_{BE}=0.6V$。

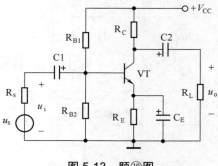

a. 求静态值 I_B、I_C、U_{CE}。

b. 画出微变等效电路。

c. 求输入电阻 r_i 和输出电阻 r_o。

d. 求电压放大倍数 $\dot{A}_u$。

图 5-13 题⑩图

二、技能反复训练与测试

① 根据制作单元电路的不同，测定对应三极管引脚电压并填入表 5-10 中。

表 5-10

引脚	电 压	电　　　压	三极管的工作状态	备　　注
VT$_1$	e			
	b			
	c			
VT$_2$	e			
	b			
	c			
VT$_3$	e			
	b			
	c			
VT$_4$	e			
	b			
	c			
VT$_5$	e			
	b			
	c			
VT$_6$	e			
	b			
	c			

② 结合原理图 5-8，说明并总结当出现下面故障现象的原因。

a. 完全无声；

b. 收不到电台，但有背景噪声；

c. 灵敏度低；

（a）4 脚负电压　　　　　　　　　　　　　（b）8 脚负电压

图 6-15　　集成运放供电电压检测

③ 输出波形调试。

调整输出信号频率，用示波器检测其幅度与频率，看与标称输出频率之间的误差，再调整频率选择回路的元件参数。测量方法如图 6-16 所示。

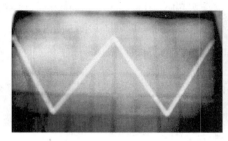 

（a）三角波输出端波形　　　　　　　　　　（b）三角波测量点

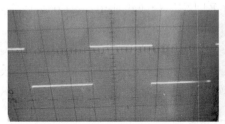 

（c）方波输出端波形　　　　　　　　　　　（d）方波测量点

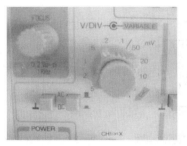 

（e）测量时幅度调节 0.5V/ DIV　　　　　　（f）测量时扫描频率选择 5ms/DIV

图 6-16　　输出波形测量调试

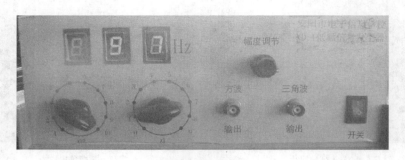

（g）调试后波形的频率显示

图 6-16　输出波形测量调试（续）

二、项目基本知识

知识点一　信号发生器的分类和用途

信号发生器在电子技术应用行业中有非常大的应用范围，主要用于实验室和电子企业的检验部门，以及维修人员维修时提供参考波形。

根据输出信号的频率不同可以分为：低频信号发生器、高频信号发生器、超高频信号发生器。

根据输出信号的波形不同可以分为：普通信号发生器和专用信号发生器（例如电视信号发生器）。

知识点二　文氏电桥振荡器

在高频振荡电路中多用 LC 谐振回路作为选频网络，而当振荡频率在几十千赫以下时，应改用 RC 电路作为选频网络，同时采用晶体管或集成电路作为放大器，组成 RC 振荡器。

根据所采用的 RC 选频网络不同，RC 振荡器可分为 RC 移相网络振荡器、RC 串并联网络振荡器及双 T 选频网络振荡器。其中 RC 串并联网络振荡器可方便地改变振荡频率，便于加负反馈稳幅电路，容易得到良好的振荡波形。这里只介绍常用的 RC 串并联网络振荡器。

RC 串并联选频网络如图 6-17 所示。

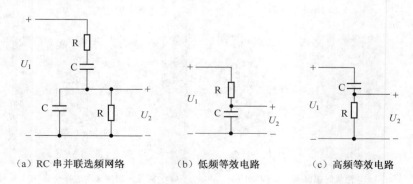

（a）RC 串并联选频网络　　　（b）低频等效电路　　　（c）高频等效电路

图 6-17　RC 串并联选频网络及其低、高频等效电路

RC 串并联选频网络的电压传输系数（或称反馈系数）为

$$Z_1=R+1/j\omega C,\quad Z_2=（R/j\omega C）/（R+1/j\omega C）$$
$$F=U_2/U_1=Z_2/（Z_1+Z_2）=1/[3+j（\omega RC-1/\omega RC）]$$

令 $\omega_0=1/RC$，则

$$F=\frac{1}{3+j（\dfrac{\omega}{\omega_0}-\dfrac{\omega_0}{\omega}）}$$

所以，其幅频特性和相频特性的表达式为

$$F=1/\sqrt{[3^2+（\omega/\omega_0-\omega_0/\omega)^2]}$$
$$\phi_F=-\arctan[（\omega/\omega_0-\omega_0/\omega）/3]$$

可见，RC 串并联选频网络具有选频特性，即当 $\omega=\omega_0$ 时，F 可以达到最大值，并等于 1/3，且相位角 $\phi_F=0°$。

串并联选频电路在 $\omega=\omega_0$ 处的相移为零，所以，为了形成正反馈，必须采用同相放大器。通常可以采用两级共射电路组成，或者采用同相集成运算放大器。后者所组成的振荡电路如图 6-18（a）所示。图 6-18（a）可以改画成图 6-18（b）所示的文氏电桥电路形式，因而称为文氏电桥振荡器。

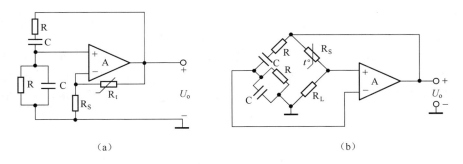

(a)   (b)

图 6-18　文氏电桥振荡电路

RC 文氏振荡器也必须满足启振、平衡和稳定 3 个条件。文氏电桥振荡器的反馈系数（即串并联选频电路的传输系数）为

$$\dot{F}=\frac{1}{3+j（\dfrac{\omega}{\omega_0}-\dfrac{\omega_0}{\omega}）}$$

串并联选频电路的幅频特性不对称，且选择性较差。由于串、并联选频电路组成的反馈网络在振荡频率 f_0 处的增益为 1/3，所以同相运放的起始增益必须大于 3，才能满足环路增益大于 1 的振幅启振条件。LC 振荡器的振幅平衡和稳定条件是依靠晶体管的非线性特性来满足的，而文氏电桥振荡器由于串并联选频电路的选频特性差，不能有效地滤除高次谐波分量，所以，放大器必须工作在线性区，才能保证输出波形非线性失真小。为此，采用了以下两种方法。

① 引入负反馈以减小和限制放大器的增益，使在开始时放大器增益 A 略大于 3，这样，环路增益仅在振荡频率 f_0 及其附近很窄的频率段略大于 1，满足振幅启振条件，而在其余频率段均不满足正反馈振幅启振条件。

② 在负反馈支路上采用具有负温度系数的热敏电阻（如图 6-18（a）中的 R_t）。启振后，振荡电压振幅逐渐增大，加在 R_t 上的平均功率增加，温度升高，使 R_t 阻值减小，负反馈加深，放大器增益迅速下降。这样，放大器在线性工作区就会具有随振幅增加而增益下降的特性，满足振幅平衡和稳定条件。可见，文氏电桥振荡器是依靠外加热敏电阻形成可变负反馈来实现振幅的平衡和稳定，这种方法称为外稳幅；而像 LC 振荡器那样依靠晶体管本身的非线性特性来稳定振幅的方法称为内稳幅。

RC 相移振荡器是采用内稳幅的振荡电路，RC 移相电路的选频性能又很差，因而输出波形不好，频率稳定度低，只能用在性能要求不高的设备中。

知识点三　集成运算放大器电路的基本原理和电路分析

1．集成运算放大器的简介

集成运算放大器（简称运放）最早应用于对信号的运算，所以它又称为运算放大器。随着集成运放技术的发展，目前集成运放的应用几乎渗透到电子技术的各个领域，它成为组成电子系统的基本功能单元。集成运算放大器实质上是一种高电压放大倍数、高输入电阻、低输出电阻的直接耦合放大器。它工作在放大区时，输入和输出呈线性关系，所以它又被称为线性集成电路。

一般情况下可将运放简单地视为：具有一个信号输出端口（Out）和同相（U_+）、反相（U_-）两个高阻抗输入端的高增益直接耦合电压放大单元。图形符号如图 6-19 所示。运放的供电方式分双电源供电与单电源供电两种。对于双电源供电的运放，其输出电压可在零电压两侧变化，在差动输入电压为零时输出电压也可置零。采用单电源供电时，运放的输出电压在电源与地之间的某一范围变化。

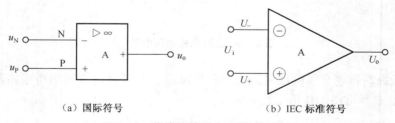

（a）国际符号　　　　　　　（b）IEC 标准符号

图 6-19　集成运算放大器的图形符号

集成运算放大器内部一般由 4 部分组成，如图 6-20 所示。输入级是一个双端输入的高性能差动放大电阻，要求其输入电阻 R_i 高，开环增益 A_{od} 大，共模抑制比 K_{CMR} 大，静态电流小，该级的好坏直接影响集成运放的大多数性能参数，所以更新变化最多。中间级的作用是使集成运放具有较强的放大能力，故多采用复合管作放大管，以电流源作集电极负载。输出级要求具有线性范围宽、输出电阻小、非线性失真小等特点。偏置电路用于设置集成运放各级放大电路的静态工作点。

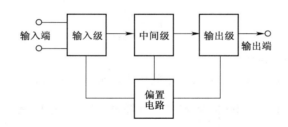

图 6-20　集成运算放内部组成结构图

2．理想状态下运算放大器的指标

理想的运算放大器的性能指标如下。

开环电压放大倍数：$A_{od}=\infty$，输入电阻：$R_i=\infty$，输入偏置电流：$I_b=0$。

共模抑制比：$K_{CMR}=\infty$，输出电阻：$R_o=0$。

无干扰无噪声、失调电压、失调电流及它们的温漂均为零。

3．集成运放的工作状态

根据集成运放的输出电压与输入电压的变化关系，集成运放的工作区域分为线性工作区和非线性工作区。

① 集成运放工作在线性放大区时，输出电压与输入电压成正比例变化，表现为：$U_o=A_{od}（U_+-U_-）$。其条件如下。

$U_+=U_-$：同相输入端与反相输入端的电位相等，但不是短路。满足这个条件称为"虚短"。

$I_+=I_-$：理想运放的输入电阻为∞，因此集成运放输入端不取电流，称这为"虚断"。

② 当集成运放工作在非线性放大区时（饱和区），输入电压较大时，输出电压不再与输入电压成正比例变化，集成运放工作在非线性放大区时的条件是：$U_+=U_-$；$U_+>U_-$时，$U_o=U_{oH}$，$U_->U_+$时，$U_o=U_{oL}$。

知识点四　集成运算放大器的基本指标

集成运算放大器是一种线性集成电路，和其他半导体器件一样，它用一些性能指标来衡量其质量的优劣。为了正确使用集成运放，就必须了解它的主要参数指标。

1．输入失调电压 U_{oS}

理想运放组件，当输入信号为零时，其输出也为零。但是即使是最优质的集成组件，由于运放内部差动输入级参数的不完全对称，输出电压往往不为零。这种零输入时输出不为零的现象称为集成运放的失调。

输入失调电压 U_{oS} 是指输入信号为零时，输出端出现的电压折算到同相输入端的数值。

2．输入失调电流 I_{oS}

输入失调电流 I_{oS} 是指当输入信号为零时，运放的两个输入端的基极偏置电流之差。

3．开环差模放大倍数 A_{ud}

集成运放在没有外部反馈时的直流差模放大倍数称为开环差模电压放大倍数，用 A_{ud} 表示。它定义为开环输出电压 U_o 与两个差分输入端之间所加信号电压 U_{id} 之比，即

$$A_{ud} = \frac{U_o}{U_{id}}$$

4. 共模抑制比 CMRR

集成运放的差模电压放大倍数 A_d 与共模电压放大倍数 A_C 之比称为共模抑制比，即 $\text{CMRR} = \left| \frac{A_d}{A_C} \right|$ 或 $\text{CMRR} = 20\lg \left| \frac{A_d}{A_C} \right|$(dB)，共模抑制比在应用中是一个很重要的参数，理想运放对输入的共模信号其输出为零，但在实际的集成运放中，其输出不可能没有共模信号的成分，输出端共模信号愈小，说明电路对称性愈好，也就是说运放对共模干扰信号的抑制能力愈强，即 CMRR 愈大。

知识点五　集成运算放大器的应用

① 集成运放的应用首先是构成各种运算电路，在运算电路中，以输入电压为自变量，以输出电压作为函数，当输入电压发生变化时，输出电压反映输入电压某种运算的结果，因此，集成运放必须工作在线性区。在线性工作状态下，集成运放的主要应用有加法器、减法器、积分器和射极跟随器等，具体电路如图 6-21 所示。

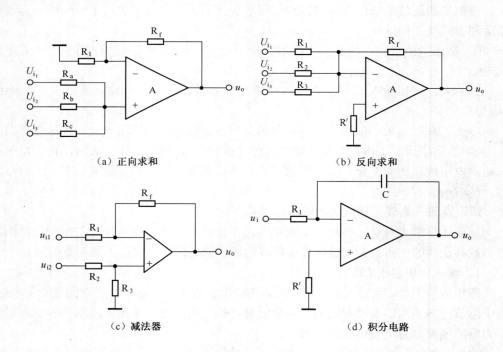

（a）正向求和　　　　　　　　　　　（b）反向求和

（c）减法器　　　　　　　　　　　　（d）积分电路

图 6-21　集成运放线性应用电路

② 集成运算放大器工作于非线性放大区的典型应用是：电压比较器和方波发生器。

电压比较器就是将一个连续变化的输入电压与参考电压进行比较，在两者幅度相等时，输出电压将产生跳变。通常用于 A/D 转换、波形变换等场合，如图 6-22 所示。

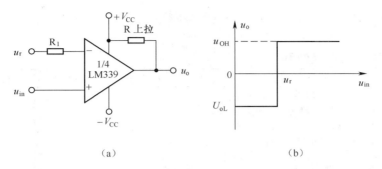

（a）　　　　　　　　　（b）

图 6-22　集成运放电路电压比较器应用电路与波形

　　方波发生器是可以直接产生方波的信号发生器，又称为多谐振荡器，其电路图如图 6-23（a）所示。它是利用电容 C 上的电压 U_C 与同相输入端的电压 U_p 相比较，决定输出端的电压是正还是负，稳压二极管 VD$_1$ 和 VD$_2$ 起双向限幅作用，决定了输出方波的幅度。输出端的电压为方波，电容端的电压为三角波，波形如图 6-23（b）所示。

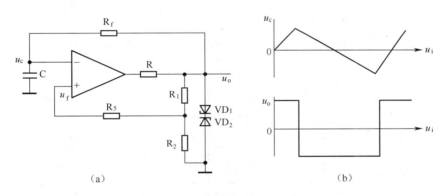

（a）　　　　　　　　　（b）

图 6-23　方波振荡器电路图及波形

项目学习评价

一、习题和思考题

① 文氏振荡电路的振荡频率如何确定？

② 差动放大器有何特点？为什么能起抑制零点漂移的作用？

③ 集成运放主要由哪几部分组成？各部分作用是什么？

④ 集成运放主要参数有哪些？其含义是什么？

⑤ 集成运放的主要应用有哪些？

二、技能反复训练与测试

① 认识低频信号发生器主要元器件，并且用万用表进行检测。

② 读懂低频信号发生器的电路图。

③ 按照工艺文件正确安装和焊接电子元器件。

④ 检测焊接后信号发生器可能出现的故障。

⑤ 用示波器检测信号器的输出信号,测定整机性能。

三、自评、互评及教师评价

评价项目	项目评价内容	分值	自我评价	小组评价	教师评价	得分
实操技能	① 识别元器件;正确使用万用表检测元器件;检测变压器的各线圈的直流电阻;正确测判数码管的每个码段的好坏;使用万用表初步测判双运放集成电路的好坏	15				
	② 元器件整形、焊点大小、圆滑光亮程度、总装正确、外壳美观	15				
	③ 正确识读电阻器、电位器和电容器的标称阻值及允许偏差;正确测判数码管的每个码段的好坏	15				
	④ 正确使用万用表检测稳压电源关键点的电阻和电压	15				
理论知识	① 正确识读安装工艺文件	5				
	② 正确识读图纸	5				
	③ 习题和思考题	5				
安全文明生产	① 烙铁的安全使用	5				
	②工具的摆放整齐,元器件焊坏的情况	5				
学习态度	① 出勤情况	5				
	② 实验室和课堂纪律	5				
	③ 团队协作精神	5				

四、个人学习总结

成功之处	
不足之处	
改进方法	

项目七　频率计的制作

数字频率计是一种基本的测量仪器，在生产和科研的各个部门使用，也是某些大型系统的重要组成部分，它被广泛应用于航天、电子、测控等领域。本项目以 555 电路作时基的频率计为例介绍其制作过程，通过制作的实践，从感性到理性逐步理解数字电路的知识；从直观的元器件和电路板到实际检测和安装操作，掌握元器件识别和检测手段，学习识读电路图和安装图，掌握数字集成电路的封装及引脚排列等相关知识，学会频率计的调试与测量方法。

✒️ 项目学习目标

	学习目标	学习形式	学时
技能目标	① 学会识别各种常用元器件，掌握其检测方法。 ② 学会识读频率计的原理图、装配图等。 ③ 掌握频率计的组装工艺要求。 ④ 掌握频率计的调试与测量方法，掌握示波器、信号发生器、标准频率计的使用方法。	学生实际组装：检测元器件、安装、调试和维修（教师指导）	12 课时
教学目标	① 了解数字电路的基本知识，掌握基本逻辑门电路的符号和功能。 ② 了解数字电路的种类，掌握 TTL 和 CMOS 电路的使用注意事项。 ③ 掌握频率计的制作基本原理，并学会分析各单元电路。	知识点讲授	8 课时

✊ 项目基本功

一、项目基本技能

任务一　元器件的识别

识别元器件是制作频率计必须具备的基础技能，掌握常用元器件规格型号的含义，对常用的色环电阻会读数，能分辨各种电容的性能要求，以及各集成电路的作用。表 7-1

所示为制作频率计的主要元器件和装配时所需的零部件，表 7-2 所示为制作频率计所需的集成电路功能、引脚描述。

表 7-1　　　　　　　　　　　　　频率计所需元器件清单

元件代号	名　　称	图形符号	实物图例	识　　别
R_1	电阻器			色环：绿棕黑棕棕 阻值：5.1kΩ±1%
R_2	电阻器			色环：棕黑黑棕棕 阻值：1kΩ±1%
R_3、R_5	电阻器			色环：绿黑黑红棕 阻值：10kΩ±1%
R_4、R_9	电阻器			色环：绿黑黑黄棕 阻值：1MΩ±1%
R_6	电阻器			色环：绿棕黑红棕 阻值：51kΩ±1%
R_7	电阻器			色环：黄紫黑黄棕 阻值：4.7MΩ±1%
R_8	电阻器			色环：橙橙黑橙棕 阻值：300kΩ ±1%
RP	电位器			标识：10kΩ 使用万用表电阻挡测量
C_1	钽电解电容			标识：10V-100μF

续表

元件代号	名　称	图形符号	实物图例	识　别
C_2	聚丙烯电容	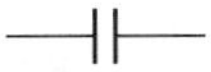 —⊣⊢—	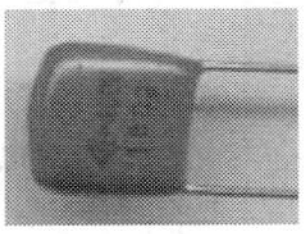	标识：400V-1000pF
C_3、C_7	瓷片电容	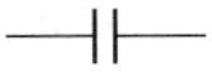 —⊣⊢—	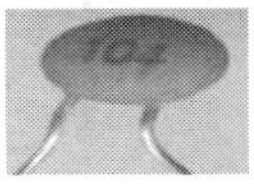	标识：104 电容：0.1μF
C_4	涤纶电容	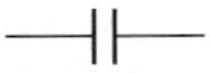 —⊣⊢—	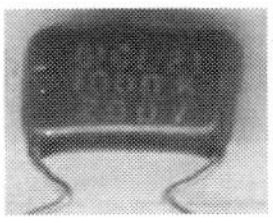	标识：100V-100nF
C_5	铝电解电容	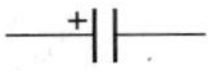 —⊣+⊢—		标识：50V-47μF
C_6	铝电解电容	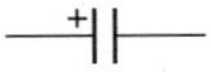 —⊣+⊢—		标识：50V-100μF
VD_1	二极管	 —▷⊢—		1N4148
VD_2、VD_3	二极管	 —▷⊢—	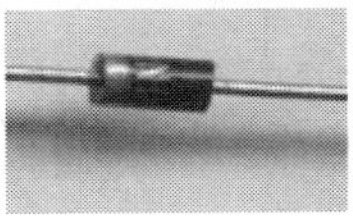	1N4007
LED	发光二极管	 —▷⊢—	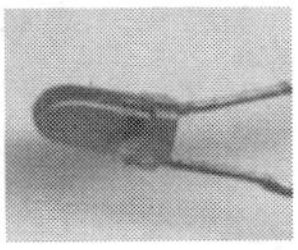	φ3mm　红
IC1	时基电路			NE555

续表

元件代号	名　称	图形符号	实物图例	识　别
DS1~DS5	数码显示管	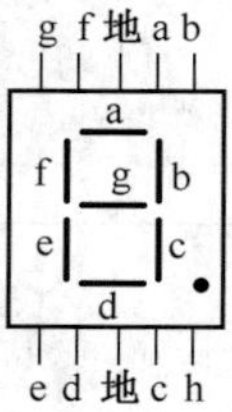 g f 地 a b （七段数码管图形） a f g b e d c h ·		GEM5101AE 共阴极
	输入信号线插座			与输入信号线插头配套使用
	按钮开关			
	两芯插接件		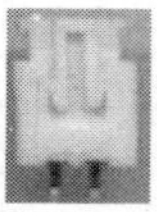	间距 3mm
	三芯插接件		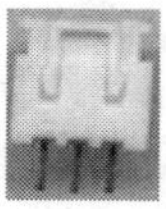	间距 3mm
J1~J8	短接线			ϕ0.5 镀银（锌）丝
	印制电路板			95mm×54mm
	输入屏蔽线			ϕ4mm　L1m
	屏蔽罩			51mm × 26mm × 15mm
	固定螺丝套			3.5mm
	连接导线			按工艺要求选不同的颜色

表 7-2   频率计所需集成电路功能、引脚描述

元件代号和型号	实 物 图	名 称	基 本 描 述	引 脚 描 述	引 脚 图
IC2 4022		八进制计数/分频器	输入电压范围3~15V；高抗扰度0.45V_{DD}；V_{DD}=10V时，5MHz工作速度；低功耗：10μW；完全静态工作状态	V_{DD}: 电源电压；Q_0~Q_7: 八进制解码输出；R: 复位端；CO: 进位输出；NC: 悬空；CLK: 时钟；CEN: 时钟允许端；V_{SS}: 负电源电压	Q_0 1 — 16 V_{DD}；Q_1 2 — 15 R；Q_2 3 — 14 CP；Q_5 4 — 13 $\overline{EN}$；Q_6 5 — 12 Q_0；NC 6 — 11 Q_4；Q_3 7 — 10 Q_7；V_{SS} 8 — 9 NC （CD4022）
IC3 4081		四2输入与门	对称输出特性；15V时最大输入漏电流1μA；低功耗TTL兼容性	V_{DD}: 电源电压；A~B: 输入；Y_1~Y_4: 输出；V_{SS}: 负电源电压	A_1 1 — 14 V_{DD}；B_1 2 — 13 B_4；Y_1 3 — 12 A_4；A_2 4 — 11 Y_4；B_2 5 — 10 B_3；Y_2 6 — 9 A_3；V_{SS} 7 — 8 Y_3 （CD4081）
IC4 4069		六反相器	输入电压范围：3~15V；高抗扰度0.45V_{DD}	V_{DD}: 电源电压；A_1~A_6: 输入；Y_1~Y_6: 输出；V_{SS}: 负电源电压	A_1 1 — 14 V_{DD}；Y_1 2 — 13 A_6；A_2 3 — 12 Y_6；Y_2 4 — 11 A_5；A_3 5 — 10 Y_5；Y_3 6 — 9 A_4；V_{SS} 7 — 8 Y_4 （CD4069）

续表

元件代号和型号	实物图	名 称	基 本 描 述	引 脚 描 述	引 脚 图
IC5～IC9 4026		十进制计数器/七段译码器	内部分为计数器和七段显示译码器; 输出有效电平为高; 利用 CO 端可实现÷60 或÷12 线路; 10V 时,6MHz; 低功耗显示; 标准的对称输出特性; 施密特触发时钟输入	V_{DD}: 电源电压; CLK: 时钟输入; CLK INH: 时钟禁止输入; DEI/DEO: 显示允许输入/输出; R: 复位端; CO: 进位输出; UCO: 非控 C 端输出; a～g: 七段译码输出	CLK—1 16—V_{DD} CLK INH—2 15—R DEI—3 14—UCO DDO—4 (CD4026) 13—c CO—5 12—b f—6 11—e e—7 10—a V_{SS}—8 9—d

任务二　使用万用表检查元器件

在频率计装配之前,应对所有的元器件进行检测。关于电阻、电容和二极管等常用元器件,可使用机械或数字万用表很容易检测(见项目三介绍);但对于数字集成电路来说,仅凭万用表直接测量是不能完全判断其好坏的,在装配前一般只对电源脚进行测量,判断其是否有短路现象。

数字集成电路电源引脚与接地引脚之间,其正、反向电阻值一般均有明显的差别。使用指针式万用表测量如图 7-1 和图 7-2 所示,红表笔接电源引脚、黑表笔接地引脚,测出的电阻约为几千欧;红表笔接地引脚、黑表笔接电源引脚,测出的电阻约为十几千欧、几十千欧,甚至更大。

图 7-1　红表笔接电源脚、黑表笔接地　　　图 7-2　黑表笔接电源脚、红表笔接地

任务三 识读电路原理图、印刷线路图

组装频率计之前，必须了解频率计电路的结构，正确识读频率计的原理图和印制板线路图，理清信号流向和电路供电情况，还要明确印刷线路图、元件分布图和安装示意图（使用 Protel 画出）中各元件的不同位置。

1. 识读电路原理图

识读频率计原理图之前，先要识读其原理方框图，了解频率计的电路结构；这样在识读原理图时才能明确电路原理图的功能，以及各单元电路的功能和相互联系。识读时从一些比较容易识读的符号入手，选好突破口，寻找容易识读的元器件，确定各单元电路间的界限。频率计的电路原理图识读如表 7-3 所示。

表 7-3　　　　　　　　　　　频率计的电路原理图识读

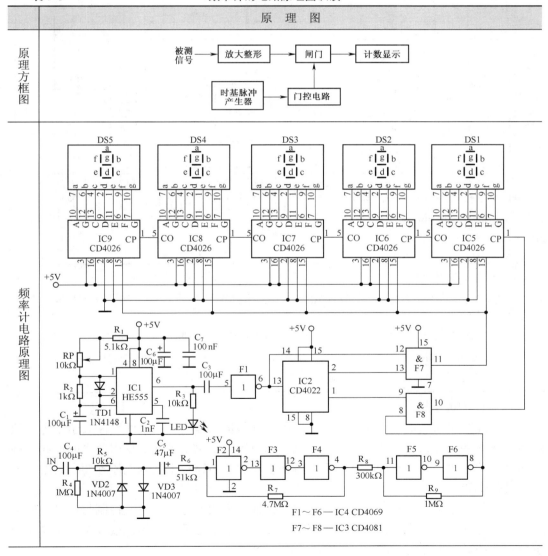

续表

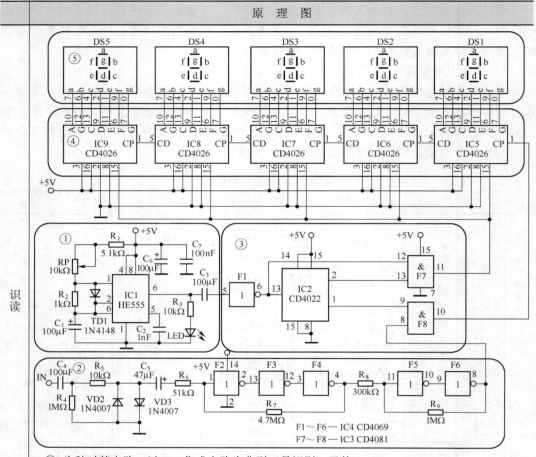

原 理 图

① 为秒时基电路，以 555 集成电路为典型（易识别）元件。

② 为被测信号输入电路，信号经过限幅、放大、整形送入③，其中有集成电路 CD4069，二极管 VD_2、VD_3。

③ 为门控电路，包含集成电路 CD4022、CD4081 以及 CD4069 的一个非门。

④ 为计数电路，包含 5 个集成电路 CD4026。

⑤ 为显示电路，包含 5 个数码显示管

2. 识读印刷线路图

印刷线路图起到电原理图和实际线路板之间的沟通作用，印刷线路图表示了电原理图中各元器件在线路板上的分布状况和具体的位置，给出了各元器件引脚之间连线（铜箔线路）的走向，通过印刷线路图可以方便地在实际线路板上找到电原理图中某个元器件的具体位置。

为了方便显示，本模块频率计制作的线路板分为两部分，一块是控制与信号处理部分，一块是计数和显示部分。表 7-4 所示为控制与信号处理电路的识读方法，表 7-5 所示为计数和显示电路的识读方法。

表 7-4　　　　　　　　　　　　　　控制与信号处理电路部分

各种电路（图）	方法与技巧
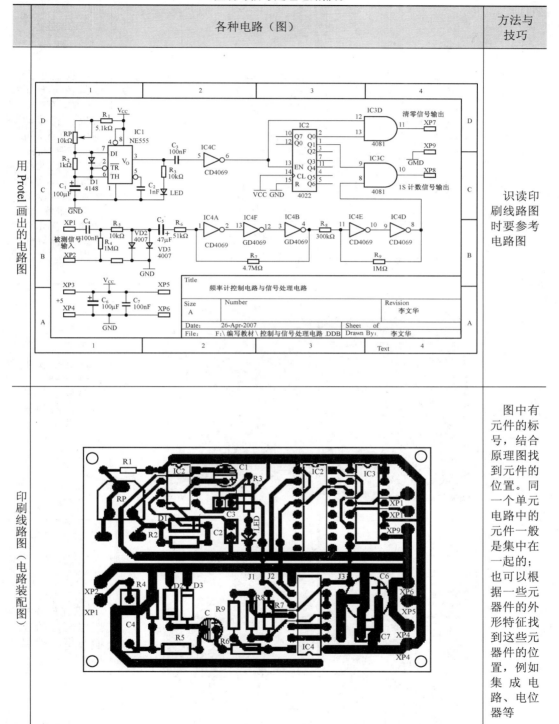	识读印刷线路图时要参考电路图
（图片下部：印刷线路图，电路装配图）	图中有元件的标号，结合原理图找到元件的位置。同一个单元电路中的元件一般是集中在一起的；也可以根据一些元器件的外形特征找到这些元器件的位置，例如集成电路、电位器等

左侧栏标注：用 Protel 画出的电路图；印刷线路图（电路装配图）

续表

	各种电路（图）	方法与技巧
元件分布图	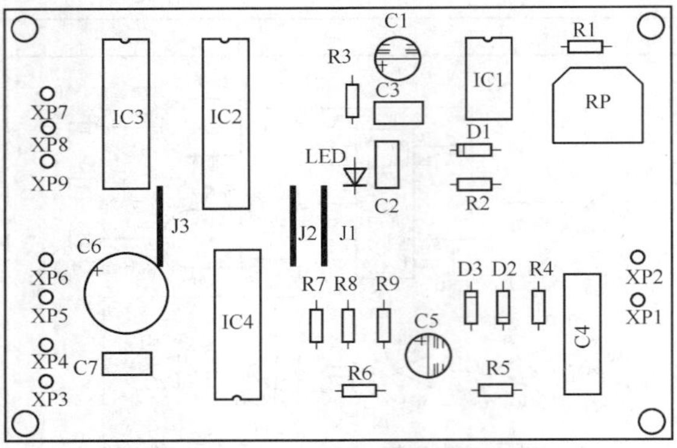	安装电子元件是按分布图进行的，有些电路板上直接印刷有分布图，可以很方便安装。没有印刷元件分布图的，可以按照上面印刷线路图组装，但是要注意元件的左右位置正好相反
线路板	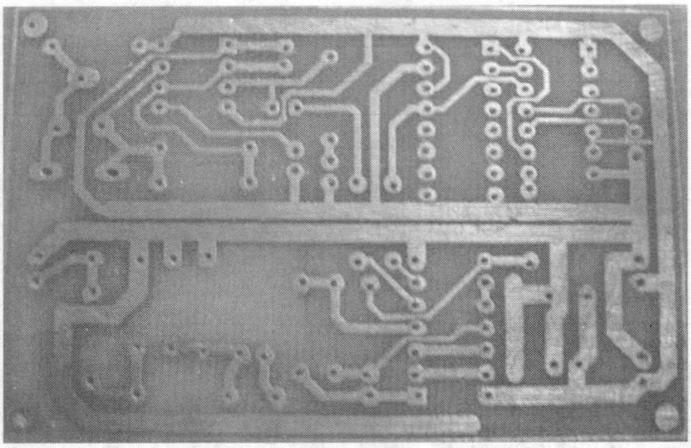	此电路板未印刷元件标号，线路板上元件的分布与印刷线路图是一致的
组装好的电路		按照元件分布图组装好的控制与信号处理电路板

表7-5   计数和显示部分

各种电路（图）	方法与技巧
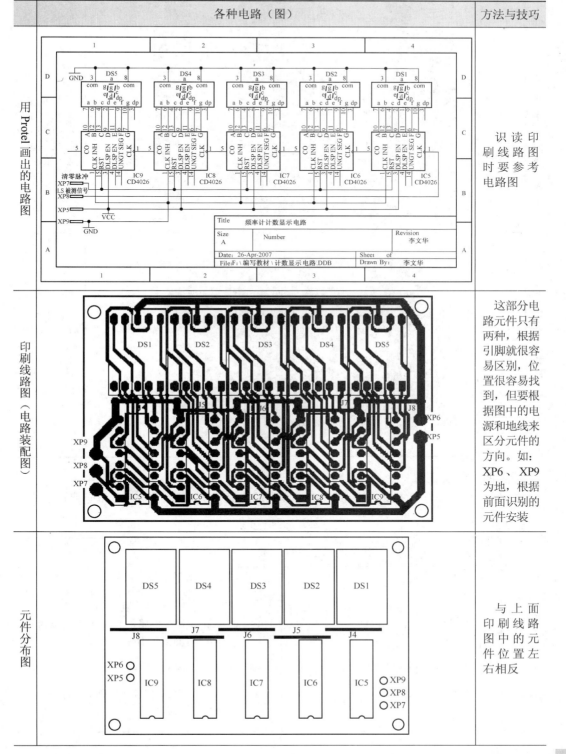	识读印刷线路图时要参考电路图 这部分电路元件只有两种，根据引脚就很容易区别，位置很容易找到，但要根据图中的电源和地线来区分元件的方向。如：XP6、XP9为地，根据前面识别的元件安装 与上面印刷线路图中的元件位置左右相反

续表

各种电路（图）		方法与技巧
制作成的电路板（未打孔）	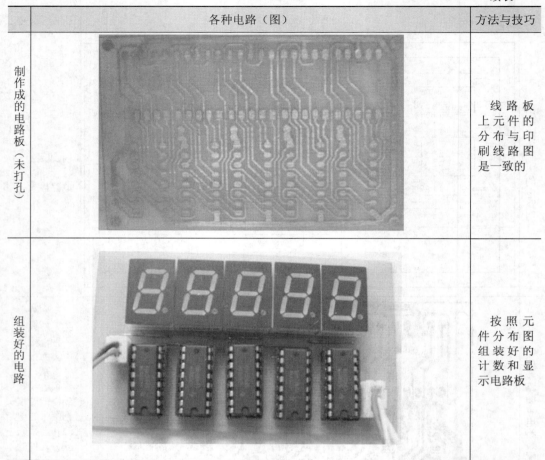	线路板上元件的分布与印刷线路图是一致的
组装好的电路		按照元件分布图组装好的计数和显示电路板

任务四　组装工艺

按照表 7-4、表 7-5 中的装配图、表 7-6 中的安装工艺要求，正确安装元器件。

表 7-6　　　　　　　　　元器件的安装工艺参考

序号	代　号	元件名称规格	数量	安　装　要　求
（1）	$R_1 \sim R_9$	金属氧化膜（或金属膜）电阻器	9	① 水平安装，色环朝向应一致，一般水平安装的第一道色环在左边，竖直安装的第一道色环在下边。 ② 电阻体贴紧电路板（1mm 以内）。 ③ 剪脚留头 1mm
（2）	RP	10kΩ 电位器	1	立式安装，电位器底部离线路板 3mm＋1mm

续表

序号	代　号	元件名称规格	数量	安装要求
（3）	C_1、C_5、C_6	电解电容	3	① 立式安装，注意极性。 ② 电容器底部尽量贴近线路板。 ③ 剪脚留头 1mm
（4）	C_2、C_4、C_3 C_7	涤纶电容 瓷介电容	4	① 立式安装，元件标志朝向方便观看的方向。 ② 元件底部离电路板 3mm+1mm。 ③ 剪脚留头 1mm
（5）	VD_1、 VD_2、VD_3	1N4148 1N4007	3	水平安装，注意极性，贴近线路板，剪脚留头 1mm
（6）	DS1～DS5	共阴极 0.5 红色数码管 GEM5101AE	5	小数点在右下角，直立焊
（7）	CD4022	IC2	9	建议使用集成电路管座，目的是防止装配焊接过程中损坏器件，也便于分段调试和对可疑损坏器件更换，焊接后不剪腿，注意安装方向
	IC3	CD4081		
	IC4	CD4069		
	IC5～IC9	CD4026		
（8）	IC1	NE555	1	注意安装方向
（9）	内部连接导线		8	① 内部连线按以下方式处理：同一部件的连线捆在一起，线扎应与机架固定。 ② 导线颜色的选择，一般用红色（高压、正电源），蓝色（负电源），黄白（信号线），黑色（地线、零线）等几种。 ③ 电路板间的导线使用插接件相连
（10）	电源插座		2	固定在面板上
（11）	信号输入插座		1	
（12）	螺丝套	3.5mm	12	配合安装在线路板 4 只角上，作为线路板的支撑脚

任务五　频率计的安装、调试与测量

1. 安装频率计

焊装频率计之前要有熟练的手工焊接技术，了解焊接工艺规范，才能保证安装的产品性能稳定；然后将检测合格的元器件按照元件布置图安装。电路安装完成后如图 7-3 所示。

图 7-3　安装好的电路板

2．测量与调试

（1）通电观察

频率计电路组装完成后，先将频率计电源开关关断；将直流稳压电源的电压调到 5V；然后按接通连线→打开电源开关→观察有无异常（有无冒烟、有无异味、元器件是否烫手、电源有无短路等）的顺序进行操作，完全无误后，装上屏蔽罩进行下一步调试。通电测量观察如图 7-4 所示。

接电压电源为5V电压

连接信号源

图 7-4　通电观察

（2）调试与参数的测量

① 调试频率计的精度。

调试的方法有两种：一种使用标准多功能频率计测量集成电路 NE555 的 3 脚输出的秒脉冲信号周期，调节电位器 RP，使周期 $T=1s$；另一种是用本机与标准频率计同时测量某一信号，调电位器 RP，使本机读数与标准数字频率计读数一致。图 7-5 所示为后一种测量调试方法，图 7-6 所示为频率计精度调试仪器连接图。

　　将信号发生器产生的矩形波、正弦波或三角波分别输入数字频率计，通过调节电位器，与标准频率计的读数尽量一致；并且要兼顾高、中、低频的精度。

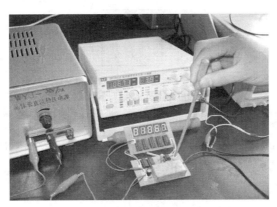

图 7-5　调试秒脉冲信号

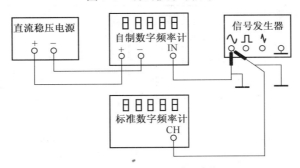

图 7-6　频率计精度调试仪器连接图

　　② 测量灵敏度。

　　通过调节信号发生器的电压输出幅度，从而观察自制频率计和标准频率计的频率变化，并记录不同输入波形信号的灵敏度。频率计灵敏度测量如图 7-7 所示；或者使用毫伏表按图 7-8 所示连接测量。

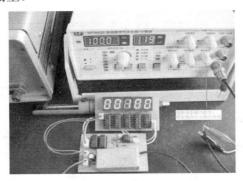

图 7-7　频率计灵敏度测量

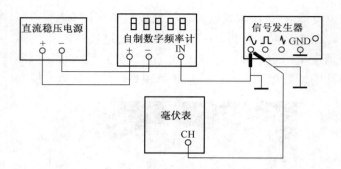

图 7-8　频率计灵敏度测量仪器连接图

3．总装后故障检修

安装过程中，不正确、不规范的安装和焊接都可能造成频率计的故障，遇到不正常的显示，要检查接线是否正确、电路中的各元器件是否安装正确、电路板焊接是否漏焊和虚焊等。表 7-7 中列出了可能出现的故障分析。

表 7-7　　　　　　　　　　　　　组装频率计可能故障分析

序号	故障现象	故障原因	检查部位
（1）	数码管不亮	电源未接通	电源未接通或电源接插件未插好
			CD4026 的 16 脚未接电源正极或 8 脚未接地（接插件未插好）
			数码管公共端未接地（短接线未装）
		CD4026 装反	检查集成电路是否装错
（2）	数码管全部显示为 0	信号未输入	检查外接数据线是否接触良好
			控制电路板与显示电路板的接插件是否接触良好
		信号输入太弱，低于 30mV	将输入信号调大
（3）	数码管显示数按周期一直增加	计数器无清零信号输入	检查 CD4026 的 15 脚或 CD4081 的 11 脚信号是否正常
			集成电路与管座是否接触良好
（4）	秒显示发光二极管不亮	秒时基电路工作不正常	用示波器检测 NE555 的 3 脚波形不正常
		发光二极管坏	用示波器检测 NE555 的 3 脚波形正常

二、项目基本知识

知识点一　数字电路概述

1．逻辑体制

数字电路是一种开关电路。开关的两种状态"闭合"和"关断"，可以用晶体管的

"导通"和"截止"来实现,并用数字 0 和 1 来表示,也可以用高、低电平来表示。这里的 0 和 1 不是十进制数中的数字,而是逻辑 0 和逻辑 1,因而称之为二值数字逻辑或简称数字逻辑。表 7-8 所示为逻辑电平和电压值的关系。

表 7-8　　　　　　　　　　　　逻辑电平和电压值的关系

电压/V	二 值 逻 辑	电 平
+5	1	H（高电平）
0	0	L（低电平）

注:表中所表示的逻辑体制为正逻辑,即 1 表示高电平,0 表示低电平;负逻辑则相反。

图 7-9 所示为用逻辑电平描述的数字波形,其中逻辑 0 表示 0V,逻辑 1 表示 5V。

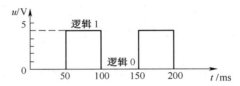

图 7-9　用逻辑电平表示数字波形

2. 常用数字集成电路简介

数字电路的发展历史与模拟电路一样,经历了由电子管、半导体分立器件到集成电路。现代数字电路是用半导体工艺制成的若干数字集成器件构造而成,数字集成电路按其结构和工艺,可分为薄膜、厚膜集成电路,混合集成电路和半导体集成电路。按集成度高低可分为小规模、中规模、大规模、超大规模和巨大规模。按导电类型可分为双极型和单极型。目前应用最为广泛的是 TTL 数字集成电路和 CMOS 数字集成电路。数字集成电路包括的主要电路如表 7-9 所示。

表 7-9　　　　　　　　　　　常用数字集成电路简介

数字集成电路包括的主要电路	举 例
各种基本门电路	CD4011（四 2 输入与非门）、CD4069（六反相器）、CD4081（四 2 输入与门）、74LS19（六反相器）等
组合逻辑电路	74LS48（四线-七段译码/驱动器）、74LS150（十六选一数据选择器）等
各种触发器	NE555（基本 RS 触发器）、74LS74（双 D 触发器）、74LS76（双主从 JK 触发器）、CD4096（3 输入 JK 触发器）等
时序逻辑电路	74LS699（可逆计数器）、CD4017（十进制计数/分频器）、CD4026（十进制计数/七段译码器）、CD40110（十进制可逆计数器/七段译码器/锁存器/驱动器）等
A/D、D/A 转换电路	DAC7520（数模转换器）、ADC0809（模数转换器）等

知识点二　数制及其转换

1. 数制

数制也称计数制,是用一组固定的符号和统一的规则来表示数值的方法。学习数制，必须首先掌握数码、基数和位权这 3 个概念。

数码：数制中表示基本数值大小的不同数字符号。例如，十进制有 10 个数码：0、1、2、3、4、5、6、7、8、9。

基数的定义是每种进制中的数码个数，即数制所使用数码的个数。例如，二进制的基数为 2；十进制的基数为 10。

位权：数制中某一位上的 1 所表示数值的大小（所处位置的价值）。例如，十进制的 123，1 的位权是 100，2 的位权是 10，3 的位权是 1。

各种数制的特点如表 7-10 所示。

表 7-10   各种数制的特点

数　　制	特　　点
十进制数	① 有 10 个不同数码，分别是 0，1，2，3，4，5，6，7，8，9。基数是 10。任何一个十进制数均由 0~9 中的数码组成。 ② 按"满十进一"的规律计数
二进制数	① 只有 0，1 两个不同数码，基数是 2。任何一个二进制数均由这两个数码组成。 ② 按"满二进一"的规律计数
八进制	① 有 8 个不同数码，分别是 0，1，2，3，4，5，6，7。基数是 8。任何一个八进制数均由 0~7 中的数码组成。 ② 按"满八进一"的规律计数
十六进制	① 有 16 个不同数码，分别是 0，1，2，3，4，5，6，7，8，9，A，B，C，D，E，F。基数是 16。任何一个十六进制数均由 0~F 中的数码组成。 ② 按"满十六进一"的规律计数

2．数制之间的对照关系。

各种数制的对照关系如表 7-11 所示。

表 7-11   各进制数制对照表

十进制	二进制	八进制	十六进制	十进制	二进制	八进制	十六进制
0	0000	0	0	9	1001	11	9
1	0001	1	1	10	1010	12	A
2	0010	2	2	11	1011	13	B
3	0011	3	3	12	1100	14	C
4	0100	4	4	13	1101	15	D
5	0101	5	5	14	1110	16	E
6	0110	6	6	15	1111	17	F
7	0111	7	7	16	10000	20	10
8	1000	10	8				

3．不同数制之间的相互转换

（1）二进制、八进制、十六进制与十进制数的转换

方法是把二进制、八进制、十六进制数按权展开，然后把所有各项的数值按十进制相加，即可得到等值的十进制数值。即"乘权相加法"。

（2）十进制与二进制数的转换

方法是把十进制数逐次地用 2 除，并依次记下余数，一直除到商数为 0。然后把全部余数，按相反次序排列起来，就是等值的二进制数。即"除 2 取余倒记法"。

（3）二进制与八进制数的转换

因为每 3 位二进制数对应一位八进制数，所以二进制数转化为八进制数的方法是：将二进制数的整数部分自右向左（从 0 位开始往高位数）每 3 位一组，最后不是 3 位的用 0 补足；小数部分自左向右（从 -1 位往低位数），每 3 位一组，最后不足 3 位在右面补 0；再把每 3 位二进制数对应的八进制数写出即可。反之，将八进制数转换成二进制数时，只需把每一位八进制数写成 3 位二进制数，顺序不变即可。

（4）二进制与十六进制数的转换

因为每 4 位二进制数对应一位十六进制数，所以二进制数转化为十六进制数的方法是：将二进制数的整数部分自右向左（从 0 位开始往高位数）每 4 位一组，最后不足 4 位的用 0 在高位补足；小数部分自左向右（从 -1 位往低位数），每 4 位一组，最后不足 4 位的在右面补 0；再把每 4 位二进制数对应的十六进制数写出即可。反之，将十六进制数转换成二进制数时，只需把每一位十六进制数写成 4 位二进制数，顺序不变即可。

4．BCD 码和常见的 BCD 码

（1）BCD 码

用于表示十进制数的二进制代码称为二-十进制代码（Binary Coded Decimal），简称 BCD 码。

（2）常见的 BCD 码

常见的 BCD 码有 8421BCD 码、2421BCD 码、余 3 码等，如表 7-12 所示。

表 7-12　　　　　　　　　　　常见的 BCD 码

十 进 制 数	8421BCD 码	2421BCD 码	余 3 码
0	0000	0000	0011
1	0001	0001	0100
2	0010	0010	0101
3	0011	0011	0110
4	0100	0100	0111
5	0101	1011	1000
6	0110	1100	1001
7	0111	1101	1010
8	1000	1110	1011
9	1001	1111	1100
10	0001 0000	0001 0000	0100 0011

知识点三　逻辑门电路

数字电路研究输出变量与输入变量之间的逻辑关系，这种关系可以用逻辑函数表示，所以又将数字电路称为逻辑电路。逻辑门电路是构成各种数字电路的基本逻辑单元，只有掌握它们的逻辑功能和电气特性，才能做到合理使用。

门电路的基本形式有"与"门、"非"门、"或"门、"与非"门和"或非"门，其代表符号和逻辑功能如表 7-13 所示。

表 7-13　　　　　　　　　　　几种门电路逻辑功能比较

		"与"门	"或"门	"非"门	"与非"门	"或非"门
电路符号						
国际流行符号						
逻辑函数式		$Y = A \cdot B$ "·"为逻辑乘	$Y = A+B$ "+"为逻辑加	$Y = \overline{A}$ "—"为逻辑非	$Y = \overline{A \cdot B}$ "——"为奇逻辑乘	$Y = \overline{A+B}$ "——"为逻辑或 "——"逻辑非
真值表	A B	Y	Y	Y	Y	Y
	0 0	0	0	1	1	1
	0 1	0	1	1	1	0
	1 0	0	1	0	1	0
	1 1	1	1	0	0	0
功能口诀说明		输入全 1，输出为 1；输入有 0，输出为 0	输入有 1，输出为 1；输入全 0，输出为 0	输入为 1，输出为 0；输入为 0，输出为 1	输入有 0，输出为 1；输入全 1，输出为 0	输入有 1，输出为 0；输入全 0，输出为 1

知识点四　TTL 和 CMOS 电路

1. TTL 和 CMOS 电路比较

TTL 和 CMOS 电路比较如表 7-14 所示。

表 7-14　　　　　　　　　　　TTL 和 CMOS 电路比较

	TTL 集成电路	CMOS 集成电路
含义	晶体—晶体管逻辑电路的简称，以双极型晶体管为开关元件，又称双极型（电子与空穴）集成电路	由 NMOS 管（电子导电）和 PMOS 管（空穴导电）串联接成互补形式的 MOS 集成电路，称为互补型金属氧化物半导体逻辑电路

续表

TTL 集成电路	CMOS 集成电路
分类 有 54（军用）和 74（一般工业设备和消费类电子产品用）两个系列。74 系列为 TTL 集成电路的早期产品，属中速 TTL 器件；74L 系列为低功耗 TTL 系列，又称 LTTL 系列；74H 系列为高速 TTL 系列；74S 系列为肖特基 TTL 系列，可以进一步提高抗干扰能力	沿 4000A→4000B/4500B→74HC→74HCT 系列的方向快速发展。"AC"代表先进的高速 CMOS 电路；"ACT"代表与 TTL 兼容的先进高速 CMOS 电路；"HC"代表高速 CMOS 电路；"CD"代表标准的 4000 系列 CMOS 电路；我国的 CMOS 产品为"CC4000B"
优点 具有良好的性能，繁多的种类，工作速度快，带负载能力和抗干扰能力强，输出幅度也比较大，应用广泛	与 TTL 相比，具有电源适应范围宽、抗干扰能力强、输入阻抗高、功耗小、工作速度更快、制造工艺简单、集成度高、成本低等突出优点

2．TTL 电路的使用规则

TTL 电路的使用规则如表 7-15 所示。

表 7-15 　　　　　　　　　　　　　TTL 电路的使用规则

对电源的要求	① TTL 集成电路对电源要求比较严格，当电源电压超过 5.5V 时，器件将损坏；若电源电压低于 4.5V，器件的逻辑功能将不正常。因此 TTL 集成电路的电源电压应满足 5V±0.5V。 ② 考虑到电源接通瞬间及电路工作状态高速转换时都会使电源电流出现瞬态尖峰值，该电流在电源线与地线上产生的压降将引起噪声干扰，为此在 TTL 集成电路电源和地之间接 0.01mF 的高频滤波电容，在电源输入端接 20～50mF 的低频滤波电容，以有效地消除电源线上的噪声干扰。 ③ 为了保证系统的正常工作，必须保证 TTL 电路具有良好的接地
电路外引线端的连接	① TTL 电路不能将电源和地接错，否则将烧毁集成电路。 ② TTL 各输入端不能直接与高于+5.5V 和低于−0.5V 的低内阻电源连接。因为低阻电源会因产生较大电流而烧坏电路。 ③ TTL 集成电路的输出端不能直接接地或直接接+5V 电源，否则将导致器件损坏。 ④ TTL 集成电路的输出端不允许并联使用（集电极开路门和三态门除外），否则将损坏集成电路。 ⑤ 当输出端接容性负载时，电路从断开到接通瞬间会有很大的冲击电流流过输出管，导致输出管损坏。为此，应在输出端串接一个限流电阻
多余输入端的处理	① 与门、与非门 TTL 电路多余输入端可以悬空，但这样处理容易受到外界干扰而使电路产生错误动作，为此可以将其多余输入端直接接电源 V_{CC}，或通过一定阻值的电阻接电源 V_{CC}，也可以将多余输入端并联使用。 ② 或门、或非门的多余输入端不能悬空，可以将其接地或与其他输入端并联使用

3．CMOS 电路的使用规则

CMOS 电路的使用规则如表 7-16 所示。

表 7-16	CMOS 电路的使用规则
对电源的要求	① CMOS 电路可以在很宽的电源电压范围内正常工作，但电源电压不能超过最大极限电压。 ② CMOS 电路的电源极性不能接反，否则会造成器件损坏
对输入端的要求	① 输入信号的电压必须在 $V_{SS} \sim V_{DD}$ 之间。 ② 每个输入端的电流应不超过 1mA，必要时应在输入端串接限流电阻。 ③ 多余的输入端不允许悬空，与门及与非门的多余端应接至 V_{DD} 或高电平，或门和或非门的多余端应接至 V_{SS} 或低电平
对输出端的要求	① CMOS 集成电路的输出端不允许直接接 V_{DD} 或 V_{SS}，否则将导致器件损坏。 ② CMOS 集成电路的输出端接容量较大的容性负载时，必须在输出端与负载电容间串接一个限流电阻，将瞬态冲击电流限制在 10mA 以下。 ③ 为增加 CMOS 电路的驱动能力，同一芯体上的几个电路可以并联使用，不在同一芯体上的不可以这样使用
操作规则	静电击穿是 CMOS 电路失效的主要原因，在实际使用时应遵守以下保护原则： ① 在防静电材料中储存或运输。 ② 组装、调试时，应使电烙铁和其他工具、仪表、工作台台面等良好接地。操作人员的服装和手套等应选用无静电的原料制作。 ③ 电源接通期间不应把器件在测试座上插入或拔出。 ④ 调试电路时，应先接通线路板电源，后接通信号源；断电时应先断开信号源，后断开线路板电源

知识点五　制作频率计的设计方法、基本原理和电路分析

1．数字频率计的设计方法

数字频率计的设计有多种方法，从采用的芯片类型和技术来划分，有 5 种设计方案：

① 采用通用中小规模集成电路等纯硬件设计；

② 采用单片数字频率计芯片，如 ICM7216 等专用芯片硬件实现，简单易行；

③ 采用单片机系统设计；

④ 采用 PLD（包括大规模可编程逻辑器件 CPLD/FPGA 等）系统设计；

⑤ 采用单片机和 CPLD/FPGA 结合的系统设计等。

本模块采用第一种设计方案，尽管此方法比较繁琐和陈旧，但是通过制作，能够使电子爱好者更进一步了解数字集成电路的相关知识，理解数字频率计的基本工作原理，掌握 Protel 制作电路板的步骤和注意事项。

2．数字频率计的基本原理

频率计的基本原理是用一个频率稳定度高的频率源作为基准时钟，对比测量其他信号的频率。通常情况下计算每秒内待测信号的脉冲个数，称闸门时间为 1s。闸门时间也可以大于或小于 1s。闸门时间越长，得到的频率值就越准确，但闸门时间越长则每测一次频率的间隔就越长；闸门时间越短，测的频率值刷新就越快，但测得的频率精度就受影响。本文数字频率计是用数字显示被测信号频率的仪器，被测信号可以是正弦波、方波或其他周期性变化的信号。原理方框图如表 7-3 中所示。

通过 Protel 制作 PCB 板之前要先使用万能实验板连接各单元电路，使用后面提到的仪器测量相应参数，并进一步修改电路元件参数，达到设计要求。

（1）单元电路的选用与元器件的选择

表 7-17 所示为单元电路的选用与元器件的选择。

表 7-17　　　　　　　　　单元电路的选用与元器件的选择

选 用 电 路	电路选用原则与元件的替换
秒时基电路 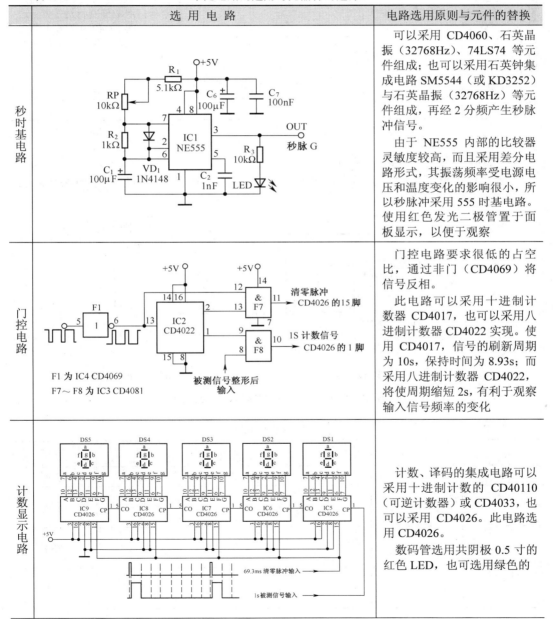	可以采用 CD4060、石英晶振（32768Hz）、74LS74 等元件组成；也可以采用石英钟集成电路 SM5544（或 KD3252）与石英晶振（32768Hz）等元件组成，再经 2 分频产生秒脉冲信号。 由于 NE555 内部的比较器灵敏度较高，而且采用差分电路形式，其振荡频率受电源电压和温度变化的影响很小，所以秒脉冲采用 555 时基电路。使用红色发光二极管置于面板显示，以便于观察
门控电路	门控电路要求很低的占空比，通过非门（CD4069）将信号反相。 此电路可以采用十进制计数器 CD4017，也可以采用八进制计数器 CD4022 实现。使用 CD4017，信号的刷新周期为 10s，保持时间为 8.93s；而采用八进制计数器 CD4022，将使周期缩短 2s，有利于观察输入信号频率的变化
计数显示电路	计数、译码的集成电路可以采用十进制计数的 CD40110（可逆计数器）或 CD4033，也可以采用 CD4026。此电路选用 CD4026。 数码管选用共阴极 0.5 寸的红色 LED，也可选用绿色的

续表

选 用 电 路	电路选用原则与元件的替换
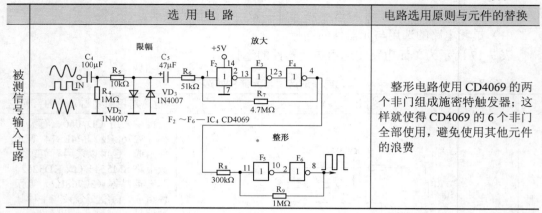	整形电路使用 CD4069 的两个非门组成施密特触发器；这样就使得 CD4069 的 6 个非门全部使用，避免使用其他元件的浪费

（2）单元电路分析

① 秒时基电路（如表 7-17 所示）。

555 集成电路逻辑图与引脚排列如图 7-10 所示，表 7-18 所示为 555 集成电路功能表。

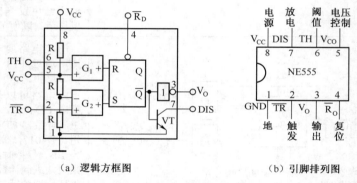

（a）逻辑方框图　　　　　　　（b）引脚排列图

图 7-10　NE555 集成电路引脚与逻辑图

表 7-18　　　　　　　　　　555 集成电路功能表

$\overline{R}_D$	TH	$\overline{TR}$	Q	V_O	VT
0	×	×	0	0	导通
1	$V_{TH} > \frac{2}{3}V_{cc}$	$V_{\overline{TR}} > \frac{1}{3}V_{cc}$	0	0	导通
1	$V_{TH} < \frac{2}{3}V_{cc}$	$V_{\overline{TR}} > \frac{1}{3}V_{cc}$	保持	保持	保持
1	$V_{TH} < \frac{2}{3}V_{cc}$	$V_{\overline{TR}} < \frac{1}{3}V_{cc}$	1	1	截止
1	$V_{TH} > \frac{2}{3}V_{cc}$	$V_{\overline{TR}} < \frac{1}{3}V_{cc}$	1	1	截止

秒时基电路（如表 7-17 所示）原理如下：接通电源后，电容 C_1 被充电，两端电压 V_c 上升到 $2/3V_{cc}$ 时，触发器被复位，同时放电，内部 VT 导通；此时 V_o 为低电平，电容 C_1 通过 R_2 和内部 VT 放电，使 V_c 下降，LED 灭；当 V_c 下降到 $1/3V_{cc}$ 时，触发器又被置位，V_o 翻转为高电平，LED 亮。调整 RP 的值，使电路定时为 1s 一个周期。

由 555 构成的多谐振荡器波形如图 7-11 所示。

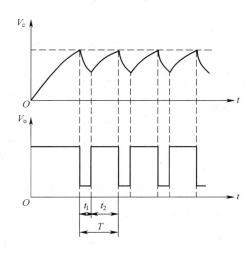

图 7-11　由 555 构成的多谐振荡器波形图

电容器 C_1 放电所需时间为
$$t_1=0.693R_2C_1$$
当 C_1 放电结束时，内部 VT 截止，V_{cc} 将通过 R_1、RP、R_2 向电容器 C_1 充电，V_c 由 $1/3V_{cc}$ 上升到 $2/3V_{cc}$ 所需时间为
$$t_2=0.693（R_1+RP+R_2）C_1$$
当 V_c 上升到 $2/3V_{cc}$ 时，触发器又发生翻转，如此周而复始，在输出端就得到一个周期性的方波，其频率为
$$f=1.43/（R_1+2R_2+RP）C_1$$
其中电位器 RP 的选择：由于 $f=1.43/（R_1+2R_2+RP）C_1=1$，将 $R_1=1$kΩ、$R_2=5.1$kΩ、$C_1=100\mu$F 代入计算得 RP$=7.2$kΩ，由于温度和其他因素的影响会造成输出秒脉冲出现偏差，所以选用 10kΩ 的电位器。

此电路中，对于秒脉冲发生电路的元件，要求温度稳定性要好，所以电阻都采用金属膜电阻，定时电容 C_1 使用温度性能较好的钽电容。

占空比 $q=t_2/T=0.693（1$k$\Omega+5.1$k$\Omega+7.2$k$\Omega）\times100\mu$F$\div1$s$=0.92$（较高）

② 门控电路。

原理：门控电路由 IC2、IC3 和 IC4 组成。IC2 为八进制计数器 CD4022，它的作用是将输入的秒时基信号通过它的输出端 1 脚（Q_1）取得 1s 输出的门控信号。IC3 为 4-2 与门 CD4081，它的作用是在 IC2 输出的 1s 门控信号的控制下将门打开 1s，使被测信号只有 1s 的通过时间。IC2 的 2 脚输出信号与 IC4 的 6 脚输出信号通过 IC3 的 D2（与门）

输出 69.3ms 的清零脉冲信号，如图 7-12 所示。

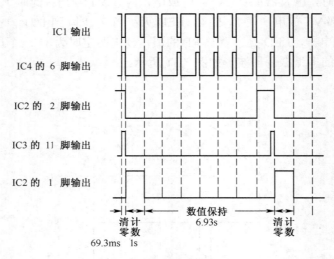

图 7-12　门控电路输出波形图

CD4022 为八进制计数/脉冲分配器，它有 3 个输入端，一个上升沿计数脉冲输入端 CP、一个下降沿计数脉冲输入端 EN 和一个清零端 R；有 8 个输出端 $Q_0 \sim Q_7$，在复位状态下只有 Q_0 为高电平；还有一个进位输出端 Q_{co}，作为级联时使用。

③ 计数与显示。

原理：CD4026 内部包括十进制计数器和七段译码器两部分，译码输出可以直接驱动 LED 数码管（数码管引脚图如表 7-1 所示）。它有一个计数输入端 CP；7 个字形笔段输出端 a～g；一个复位端 R，高电平有效，$R=1$ 时，计数器直接清零；一个禁止端 INH，高电平时停止计数，$INH=0$ 时，计数器计数；一个控制显示的输入端 DEI 和输出端 DEO，当高电平时，笔段输出真值，低电平时笔段输出全部为低电平；一个进位输出端 CO。

测量显示过程：在门控信号的控制下控制门 IC3（F8）被打开 1s，在这 1s 内被测取样信号通过控制门由 CP 端输入计数器 IC5，进行个位计数，同时由译码器将计数译码输出，由显示器显示，当 IC5 计数到 10 时，Q_{co} 输出进位脉冲，使 IC6 计数……进位。如此下去，由 IC5→IC6→IC7→IC8→IC9 。随着计数脉冲的输入，各计数器不断计数并逐级进位，实现频率的计数过程。

④ 被测信号输入电路（如图 7-13 所示）。

原理：信号输入电路由限幅、放大和整形 3 部分组成。由 VD$_2$、VD$_3$ 组成输入信号双向限幅电路，对输入信号较高的加以限幅，以满足最高输入电压 30V 的技术要求。对输入信号电平较低的信号，通过 CD4069 的 3 个非门 F2、F3、F4 与 R_7 组成的放大器进行放大，最后经由 CD4069 的两个非门 F5、F6 与 R_9 组成的施密特触发器整形，变换为矩形波的信号输入 CD4081，使被测取样信号在 1s 内通过控制门由 CD4026 的 CP 端输入计数器计数。

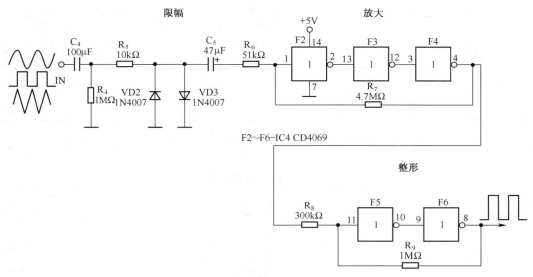

图 7-13　被测信号输入电路

项目学习评价

一、习题和思考题

① 元器件的安装有哪些要求和注意事项？

② 基本逻辑门电路有哪几种？

③ 画出频率计的基本原理方框图，说出频率计的基本原理。

④ 使用 TTL 和 CMOS 电路各应注意哪些事项？

二、技能反复训练与测试

① 根据图 7-14 所示的仪器连接图，练习仪器的使用。根据信号发生器的幅度和频率要求调整仪器，填入表 7-19 中。

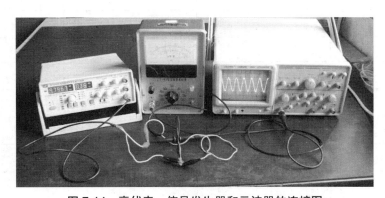

图 7-14　毫伏表、信号发生器和示波器的连接图

表 7-19　　　　　　　　　　　　　　　测量幅度和频率

信号发生器				毫 伏 表		双踪示波器	
	幅度 /U_{p-p}	频率 /kHz	衰减调节 /dB	指针 读数	换算为 U_{p-p} 值	衰减开关位 置/（1/DIV）	扫描时间选择开关位置/ （TIME/DIV）
正弦波	5V	0.1					
	1V	1					
	0.1V	10					
	10mV	50					

② 选择合适的仪表检测频率计所使用的元器件，并将结果填入表 7-20 中。

表 7-20　　　　　　　　　　　　检测频率计所使用的元器件

序　号	元 件 代 号	数　量	检 测 结 果
（1）	R_1	1	
（2）	R_2	1	
（3）	R_3、R_5	各 1	
（4）	R_4、R_9	各 1	
（5）	R_6	1	
（6）	R_7	1	
（7）	R_8	1	
（8）	RP	1	
（9）	C_1	1	
（10）	C_2	1	
（11）	C_3、C_7	2	
（12）	C_4	1	
（13）	C_5	1	
（14）	C_6	1	
（15）	VD_1	1	
（16）	VD_2、VD_3	2	
（17）	LED	1	
（18）	IC1	1	
（19）	IC2	1	

续表

序　号	元件代号	数　量	检测结果
（20）	IC3	1	
（21）	IC4	1	
（22）	IC5～IC9	5	
（23）	DS1～DS5	5	

③ 组装好频率计的电路板后，通电试验，使用示波器测量表 7-21 中集成电路引脚的波形，并画出波形图。

表 7-21　　　　　测量集成电路引脚的波形

	NE555		CD4069	
	3 脚输出波形	6 脚输出波形	5 脚输出波形	6 脚输出波形
示波器衰减、扫描时间选择开关位置				
示波器显示波形				

④ 使用示波器测量频率计中 CD4022 的 13、2 脚和 1 脚波形，比较其异同，并分析其原理。

⑤ 使用示波器测量频率计中 CD4081 的 12、13 脚与 11 脚，9、8 脚与 10 脚的波形，比较其异同，并分析其原理。

⑥ 使用示波器测量频率计中输入信号和信号整形后的波形，填入表 7-22，比较其异同。

表 7-22　　　　　　　　示波器测量频率计中输入信号和信号整形后的波形

输入信号波形	信号放大后波形（CD4069 的 4 脚）	信号整形后波形（CD4069 的 8 脚）

⑦　数字频率计精度与灵敏度的测量。按表 7-23 中的要求测量数据调节信号发生器，将制作的频率计读数填入表格中。

表 7-23　　　　　　　　数字频率计精度与灵敏度的测量

	信号源提供的被测信号	数字频率计显示的数值	示波器中的波形
正弦波	20mV，15Hz		测量并绘制 20mV，15Hz 的正弦波
	20mV，1000Hz		
	20mV，99kHz		
	15V，15Hz		
	15V，1000Hz		测量并绘制 15V，1kHz 的正弦波
	15V，99kHz		
三角波	20mV，15 Hz		
	20mV，1000Hz		
	20mV，99 kHz		测量并绘制 15V、99kHz 的三角波
	15V，15Hz		
	15V，1000Hz		
	15V，99 kHz		

三、自评、互评及教师评价

评价项目	项目评价内容	分值	自我评价	小组评价	教师评价	得分
实操技能	① 元件识别检测	15				
	② 安装工艺	15				
	③ 功能测试	15				
	④ 仪器仪表正确使用	15				
理论知识	习题和思考题	15				
安全文明生产	① 工具的摆放	5				
	② 仪器仪表和人身安全	5				
学习态度	① 出勤情况	5				
	② 实验室和课堂纪律	5				
	③ 团队协作精神	5				

四、个人学习总结

成功之处	
不足之处	
改进方法	

项目八　数字钟的制作

项目情境创设

本项目是对 LED 数字钟的制作与调试，在基本技能教学中包括安装、调试、排除故障的过程。掌握电路图的识读和元器件的识别。重点掌握集成电路的使用方法及检测手段。基本知识教学是读者更好地、系统地掌握和理解数字电路基本理论的基础。进一步理解模拟电路与数字电路之间的联系。重点理解时基电路、分频器/计数器、译码显示电路的基本原理。

项目学习目标

	学习目标	学习方式	学时
技能目标	① 掌握集成电路的使用方法及检测手段。 ② 能识别元器件，并且能使用万用表检查数字钟的元器件，可以完成组装任务。 ③ 掌握基本读图、调试、排除故障等基本技能。	学生实际制作；教师指导调试和维修	16 课时
教学目标	① 了解 LED 数字钟的组成。 ② 熟悉 LED 数字钟的电路原理。 ③ 掌握和理解数字电路的基本理论。	教师讲授重点：熟悉 LED 数字钟的电路原理和数字电路基本理论	12 课时

项目基本功

一、项目基本技能

本项目设计的 LED 数字钟由 CD4060、CD4013、CD4011、CD4158、CD4511 芯片和辅助元器件组成，如图 8-1 所示。

LED 数字钟包括涵盖了模拟电路和数字电路的许多知识点，如晶体振荡器、功率放大器、反相器、计数器、分频器、倍频器/计数器、驱动显示电路等。为了提高电子产品的稳定性，缩小体积，应用电路多采用集成电路和一些辅助元器件组成；也可采用单片机和辅助集成电路组成。

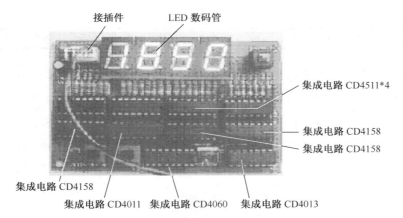

图 8-1   LED 数字钟电路的组成

任务一   LED 数字钟元器件的识别

制作 LED 数字钟所选用元器件如表 8-1 所示。

表 8-1 元器件参数及数量

序　号	元 件 名 称	实　物　图	参　　数	数　　量
（1）	电阻器		1kΩ	30
（2）	电阻器		2kΩ	2kΩ
（3）	电阻器		10kΩ	1
（4）	电阻器		1MΩ	1
（5）	C_3 电解电容器		10μF/50V	1
（6）	C_2 电容器		0.1μF/63V	1
（7）	C_1 电容器		33pF/63V	1
（8）	U1 集成电路		CD4060	1
（9）	U2 集成电路		CD4013	1
（10）	U3～U5 集成电路		CD4518	3
（11）	U6 集成电路		CD4011	1

续表

序 号	元 件 名 称	实 物 图	参 数	数 量
（12）	U7～U10 集成电路		CD4511	4
（13）	数码管		0.5 寸	4
（14）	石英晶体		32768Hz	1
（15）	二极管	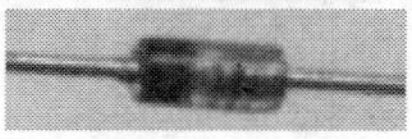	1N4148	2
（16）	三极管		9013	1
（17）	按钮开关		----------	2
（18）	自锁按钮开关		----------	1
（19）	18 芯排线		0.2m	1
（20）	彩色细导线	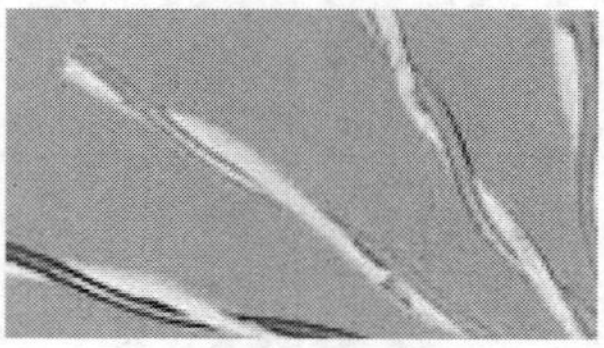	2m	1
（21）	电池盒		6V	1
（22）	插头	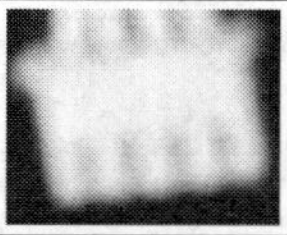	4 芯	6 套
（23）	插 座	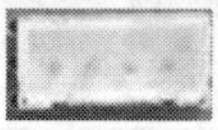	4 芯	6 套
（24）	插头、座		2 芯	2 套
（25）	万用电路板	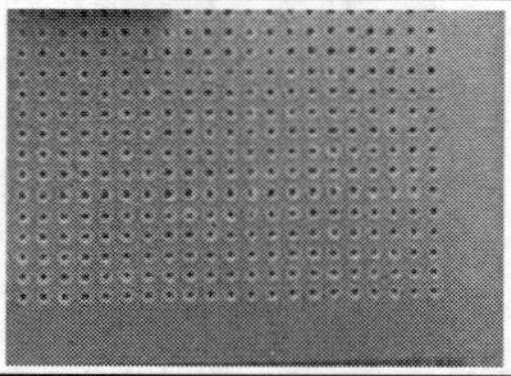	120×120	3 块

任务二 使用万用表检测元器件

1. 数码管引脚排列与测试

半导体数码管的种类多，型号不同引脚排列也不同，不少学生在制作各种电器时，常常因为没有数码管的详细资料而感到为难，也有不少电子爱好者，对半导体数码管的内部结构不熟悉，下面介绍一些常见的半导体数码管的型号、引脚排列及测试，以供读者参考。

（1）内部结构

常见数码管的内部结构大体分为两类，一类是共阴极，另一类是共阳极，如图 8-2 所示。如图 8-3 所示的 4 例均为共阴极接法。10 脚的数码管引脚分为上下排列和左右排列两种，14 脚为左右排列。16、18 脚的为两位数码管，常见型号有：TR32151、2BS2461A，引脚为上下排列。

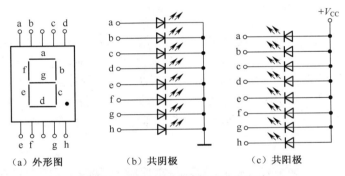

（a）外形图　　（b）共阴极　　（c）共阳极

图 8-2　数码管的内部结构分为两类

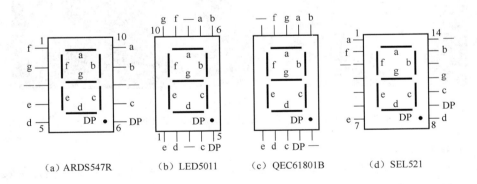

（a）ARDS547R　　（b）LED5011　　（c）QEC61801B　　（d）SEL521

图 8-3　数码管的共阴极接法

（2）检测

① 测量数码管的正反向电阻值。同测试普通半导体二极管一样。注意：万用表应放在 R×10k 挡，因为 R×1k 挡测不出数码管的正反向电阻值，如图 8-4 所示。对于共阴极的数码管，红表笔接数码管的"—"，黑表笔分别接其他各脚。测共阳极的数码管时，黑表笔接数码管的 V_{DD}，红表笔接其他各脚。

163

（a）数码管的正向电阻值　　　　　　　　　　　（b）数码管的反向电阻值

图 8-4　测量数码管的正反向电阻值

② 用电池和万用表检测数码管的笔端。用两节二号电池串联,对于共阴极的数码管,电池的负极接数码管的"—",电池的正极分别接其他各脚。对于共阳极的数码管,电池的正极接数码管的 V_{DD},电池的负极分别接其他各脚,看各段是否点亮,如图 8-5（a）所示。对于不明型号不知引脚排列的数码管,用第一种方法找到共用点,用第二种方法测试出各笔段 a～g、dp、H 等。同理万用表和稳压电源也可以检测数码管的笔端如图 8-5（b）所示。

（a）　　　　　　　　　　　　　　　　（b）

图 8-5　用电池和万用表检测数码管的笔端

2. 检测集成电路

在制作之前,应对所有的器件做事先检测,关于电阻和电容的检测可用万用表很容易检测,但对于 CMOS 数字集成电路来说,仅凭万用表直接测量是不能完全判断其好坏的,在安装前一般只对电源脚测量是否有短路,如图 8-6 所示,当黑表笔接集成电路的16 脚（电源正极）,红表笔接 8 脚（电源负极）,用万用表 R×1k 挡测量时,表指针基本不动,如图 8-6（a）所示,将红表笔调换测量,万用表上一般会有一定的阻值显示,如图 8-6（b）所示,其值的大小视不同型号的数字集成电路而不同,图 8-6 测量指示的数值为 CD4060 电源端正、反向电阻值。

测量数字集成电路逻辑功能,仅用上述方法是不行的,需要用专用的测量仪表检测逻辑关系，在一般条件下，也可以使用在线检测，即现将元器件装上电路板，根据其组合的逻辑关系测量相应引脚的状态或电压。所以，强调使用集成电路插座来做实验，就是为了方便更换不合格的元器件。

(a) CD4060 电源端正向电阻值　　　　(b) CD4060 电源端反向电阻值

图 8-6　用万用表直接判断 CMOS 数字集成电路的好坏

任务三　识读 LED 数字钟的原理图、方框图、元件布置图、安装示意图

1. 识读 LED 数字钟电路原理图

数字钟电路是由几种不同逻辑功能的 COMS 数字集成电路构成，共使用了 10 片数字集成电路，分别用 U1～U10 表示，电路的原理图如图 8-7 所示。图中晶体振荡器、集成电路 CD4060 和 CD4013（起分频作用）组成秒信号发生器提供时间基准电路。集成电路 CD4158（起倍频作用）完成将 1Hz 的秒信号转换分钟和小时脉冲的任务。集成电路 CD4511 完成显示译码、计数、驱动的任务。集成电路 CD4011 反相器完成 59 分钟到时清零和 23 时 59 分钟的清零任务。特别要读到是三极管 9013 起到显示驱动放大的作用，即为功率放大器（数字钟整体和各单元的电路详细分析见"项目基本知识"部分）。

2. 识读 LED 数字钟电路工作方框图

将上面识读图的过程总结后，可以发现 LED 数字钟电路原理图可由 3 部分组成，有秒信号发生器（时基电路）、小时及分钟计数器和译码、计数器、驱动、显示。工作过程是：时基电路产生精确周期的脉冲信号，经过分频器分频作用给后面的分频器输送 1Hz 的秒信号，最后再由计数器及驱动显示单元，按位驱动数码管显示时间。数字钟电路工作方框图如图 8-8 所示。

3. 识读 LED 数字钟电路 PCB 图

一体化 LED 数字钟的制作包括在印制线路板（PCB 板）安装元器件和调试单元电路。印刷电路板是 LED 数字钟制作的基础部件，其设计是否合理，直接关系到 LED 数字钟制作的质量，甚至关系到 LED 数字钟制作的成败。

（1）识读 PCB 图注意事项

① 地线不能形成闭合回路。在高频电路中，可平用大面积接地方式，以防电路自激。

② 输入端与输出端的元器件应尽量远离，输入端与输出端的信号线不可靠近。更不可平行；多级电路应按信号流程逐级排列，不可互相交叉混合；以免引起有害耦合和互相干扰。

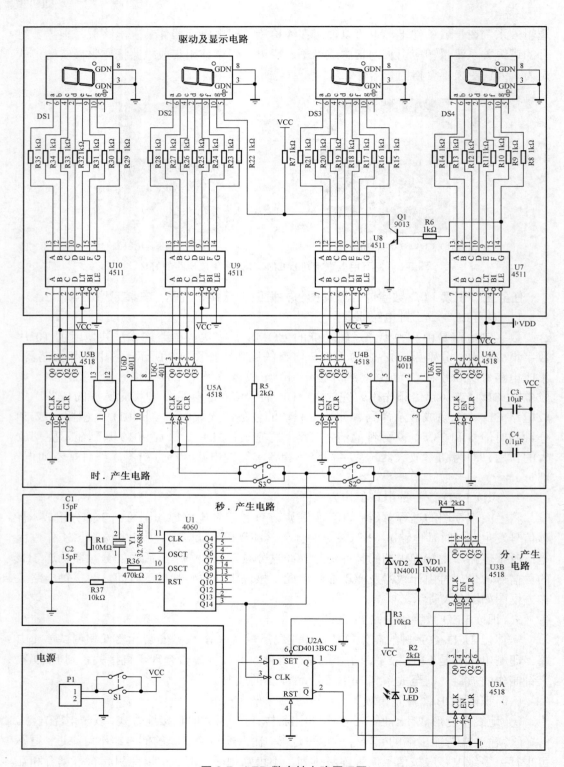

图 8-7　LED 数字钟电路原理图

③ 高频电路中元器件之间的连线应尽量短，以减小分布参数对局部电路的影响。

④ 线条宽度和线条间距应尽量大些，以保证电气要求和足够的机械强度，在业余制作中，一般应使线条宽度和线条间距分别大于 1mm。

⑤ 为使电路简洁通常采用双面 PCB 板，那么双面 PCB 板两面的线路连接是靠过线孔，过线孔是否符合要求，可用万用表检查。

（2）LED 数字钟双面 PCB 板图

LED 数字钟双面 PCB 板如图 8-9 所示。

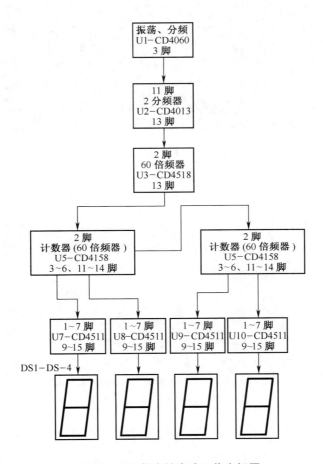

图 8-8　LED 数字钟电路工作方框图

4. LED 数字钟电路焊接图、元器件正面图、效果图

LED 数字钟电路焊接图、元器件正面图、效果图分别如图 8-10、图 8-11、图 8-12 所示。

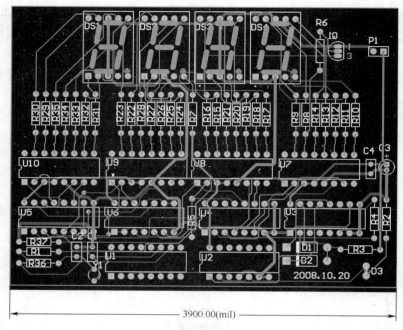

图 8-9　数字钟 PCB 板图

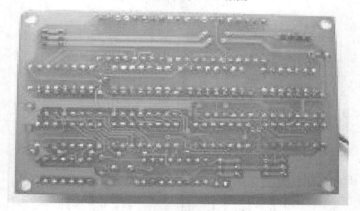

图 8-10　LED 数字钟电路焊接图

图 8-11　LED 数字钟电路元器件正面图

图 8-12 LED 数字钟电路效果图

任务四 数字钟的制作、测量与调试

为了使大家尽快掌握数字钟的原理，将 LED 数字钟电路的制作分为 3 部分，第一是秒信号发生器的制作，第二是分、时计数器的制作，第三是译码驱动显示单元的制作。虽然 3 个部分是一个整体，由于各部分功能相对独立，建议制作时使用万能电路板或面包板和集成电路插座。目的是防止装配焊接过程中损坏器件，也便于分段调试和对可疑损坏器件更换。

正常制作是先画出电路原理图→根据原理图制作印制电路板→腐蚀印制电路板→印制电路板打孔→打磨和清理印制电路板→阻焊剂和助焊剂的处理→元器件的检测和安装→测量与调试。

下面分步骤介绍各单元在万能电路板上的制作与检测过程。

1．秒信号发生器的制作

该单元主要由 CD4060 和 CD4013 等 8 个元器件组成，使用元器件较少，连线简单，是最容易制作的单元，也是数字钟的基本单元部分，因此在制作时，可以选用较小的万能电路板来完成。具体的制作步骤和注意事项如表 8-2 所示。

表 8-2   制作步骤和注意事项

制作步骤	制作实物图	注意事项
（1）实际的元器件布局	（a）秒信号发生器元器件布局	如图（a）所示，在元件分布时，主要考虑元件之间的相关性。否则会给后面的连线增加麻烦，如由于元件的定位不合理可能会造成来回走线等

续表

制作步骤	制作实物图	注 意 事 项
（2）导线连接	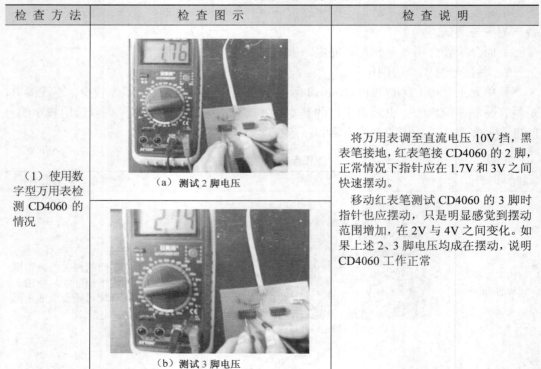 （b）秒信号发生器元器件连线	如图（b）所示为各元件之间的导线连接图。导线的焊头不易过长，以免出现相邻焊点短路。连线时应注意先将各器件的电源端和接地端连接好，最后连接信号线。当连接线较多时应考虑信号线连接的先后顺序，否则会造成因先前焊接的信号线遮挡而无法焊接后续焊点的问题。由于数字集成电路器件的抗干扰能力强，可以随意确定走线方向
（3）调试		连线完成后，该单元即可进入调试阶段。调试步骤如下： 　① 确认电源接入无误； 　② 判断 CD4060 是否正常工作

　　判断 CD4060 是否正常工作可用以下 3 种方法：万用表检测、用逻辑笔测试、示波器观察波形方式的检查，如表 8-3 所示。

表 8-3　　　　　　　　　　判断 CD4060 是否正常工作的方法

检 查 方 法	检 查 图 示	检 查 说 明
（1）使用数字型万用表检测 CD4060 的情况	（a）测试 2 脚电压 （b）测试 3 脚电压	将万用表调至直流电压 10V 挡，黑表笔接地，红表笔接 CD4060 的 2 脚，正常情况下指针应在 1.7V 和 3V 之间快速摆动。 　移动红表笔测试 CD4060 的 3 脚时指针也应摆动，只是明显感觉到摆动范围增加，在 2V 与 4V 之间变化。如果上述 2、3 脚电压均成在摆动，说明 CD4060 工作正常

续表

检 查 方 法	检 查 图 示	检 查 说 明
（2）使用逻辑笔测试	 （c）使用逻辑笔测试  （d）逻辑笔	在使用逻辑笔测试 CD4060 的 3 脚时，可见笔上逻辑指示灯快速闪烁，说明 CD4060 工作正常，如图（c）。 注意：首先要搞清楚所使用逻辑笔（图（d））的正常工作电压是否能满足测试要求。有的逻辑笔只能测试 TTL 电路，有的却可测试 TTL 和 CMOS 电路，两种电路的测试通过笔体上的开关转换，所以在使用时应注意开关挡位，否则会出现结果偏差。本电路由于全部采用集成 CMOS 电路，所以应选用能测试 CMOS 电路的逻辑笔，在使用时注意选用 CMOS 挡
（3）使用示波器观察波形的方式进程	 （e）CD4060 的 10 脚输出波形 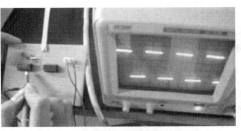 （f）CD4060 的 6 脚输出波形	除可使用万用表、逻辑笔测试外，还可使用示波器观察波形的方式确定 CD4060 是否正常工作。如图（e）、（f）所示，为使用示波器分别来观察 CD4060 的 10 脚、6 脚的波形情况，说明工作正常

2．时、分计数器的制作

具体的制作步骤和注意事项如表 8-4 所示。

表 8-4 　　　　　　　　　　制作步骤和注意事项

制 作 步 骤	制作实物图	注 意 事 项
（1）实际的元器件布局	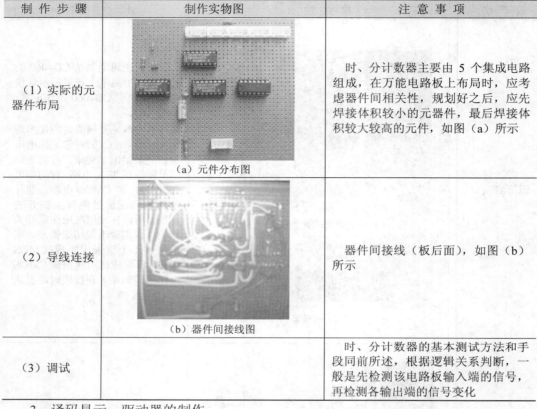 （a）元件分布图	时、分计数器主要由 5 个集成电路组成，在万能电路板上布局时，应考虑器件间相关性，规划好之后，应先焊接体积较小的元器件，最后焊接体积较大较高的元件，如图（a）所示
（2）导线连接	 （b）器件间接线图	器件间接线（板后面），如图（b）所示
（3）调试		时、分计数器的基本测试方法和手段同前所述，根据逻辑关系判断，一般是先检测该电路板输入端的信号，再检测各输出端的信号变化

　3．译码显示、驱动器的制作

　具体的制作步骤和注意事项如表 8-5 所示。

表 8-5 　　　　　　　　　　制作步骤和注意事项

制 作 步 骤	制作实物图	注 意 事 项
（1）实际的元器件布局	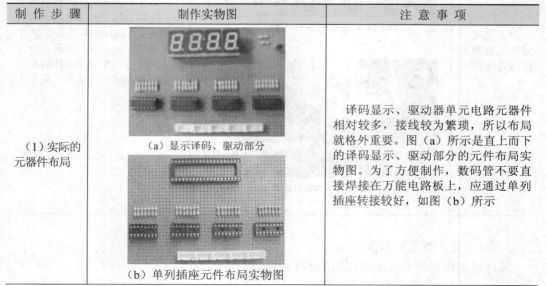 （a）显示译码、驱动部分 （b）单列插座元件布局实物图	译码显示、驱动器单元电路元器件相对较多，接线较为繁琐，所以布局就格外重要。图（a）所示是直上而下的译码显示、驱动部分的元件布局实物图。为了方便制作，数码管不要直接焊接在万能电路板上，应通过单列插座转接较好，如图（b）所示

续表

制 作 步 骤	制作实物图	注 意 事 项
（2）导线连接	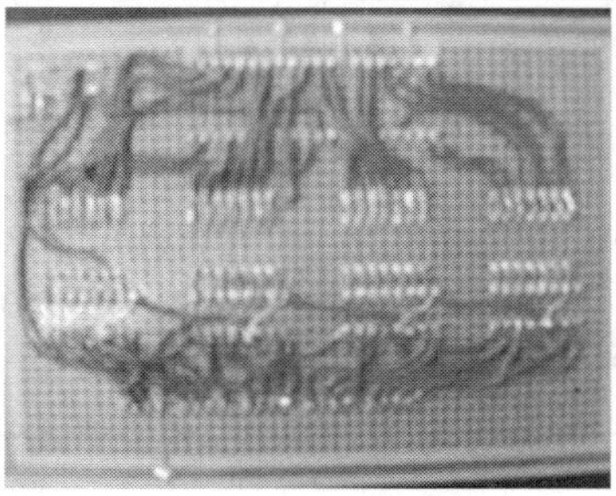 （c）焊接信号线	连线时要格外仔细，建议先连接数码与电阻之间的连线，再从上向下连接导线，线路比较集中的地方，建议使用彩色信号线焊接，如图（c）所示。 注意：这是板后的连线
（3）调试	 （d）译码显示、驱动器单元调试	译码显示、驱动器单元元器件安装完成后，即可进入调试阶段。通电后，显示板上的数码管应有不稳定的数码显示，有的数码位时而亮，时而熄灭，用手触摸 CD4511 的输入端时，显示的数字会有剧烈的跳动，说明本显示板基本正常，如图（d）所示

任务五　数字钟总组装与总调试和故障分析与处理

1. 数字钟总组装

将秒信号发生器、时分计数器、译码驱动显示器 3 块万能电路板连接。总装连接过程如表 8-6 所示。

表 8-6　　　　　　　　　　数字钟总装过程

序 号	操作实物图	说 明
信号排线	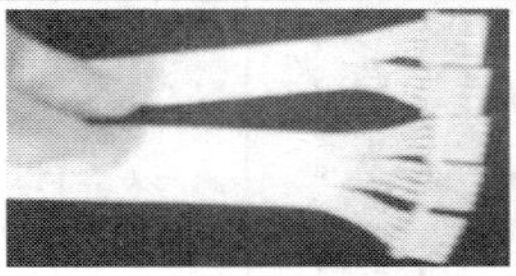 （a）	分计数器与译码显示器之间的信号排线
信号线	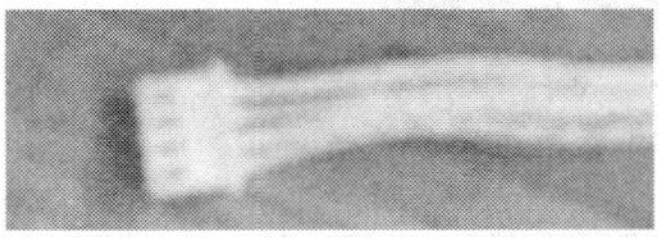 （b）	秒信号发生器与时分计数器之间的信号线，一般将红线定义为电源正极，黑线为负极，其他颜色为信号线
连接信号线	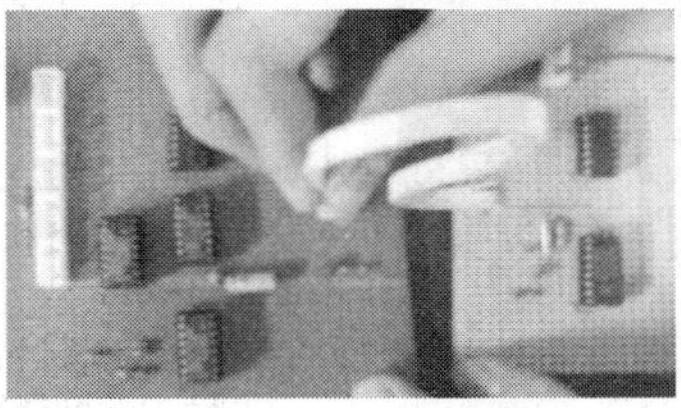 （c）	在连接信号线时，应注意信号线的连接排列方向、顺序，不要出错，否则有烧坏芯片的危险

序　号	操作实物图	说　明
连接排线	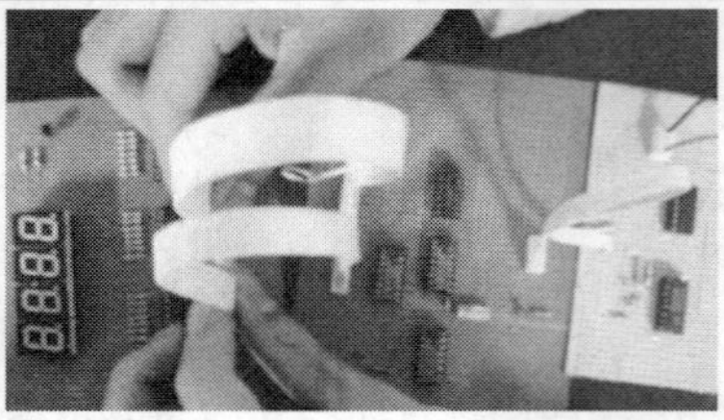 （d）	连接信号排线。当总装完成后，经检查无误就可进入调试阶段

2．数字钟总调试

将总装整机电路后，进行调试。其调试步骤如表 8-7 所示。

表 8-7　　　　　　　　　　调试步骤

步　骤	操作实物图	说　明
（1）检查电源是否短路	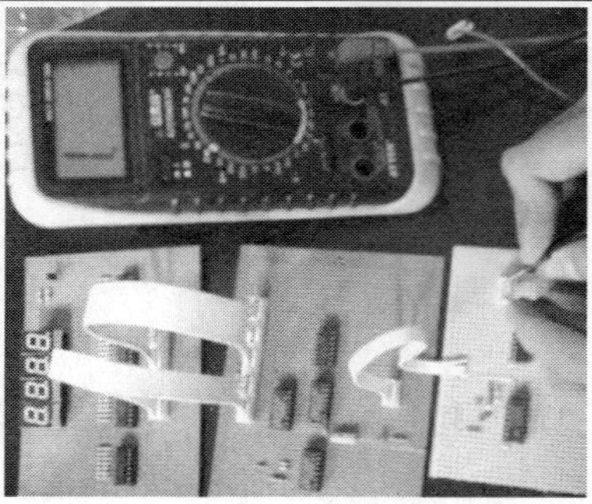 （a）	将数字型万用表置于 R×1k 挡，万用表的红表笔接至电路板电路的正极，黑表笔接地（负极），测试接入的瞬间，可以见到表针突然向右摆动，而后转入缓慢回落过程，电阻值在无穷大（即 1 的位置）的范围内稳定下来。将两表笔对调，测得电阻值约为 5kΩ，如图（a）所示，说明万能电路板可以供电。在测量过程中，数字跳动现象是由电路板上电解电容器的充放电造成
（2）数字钟供电电压的测量	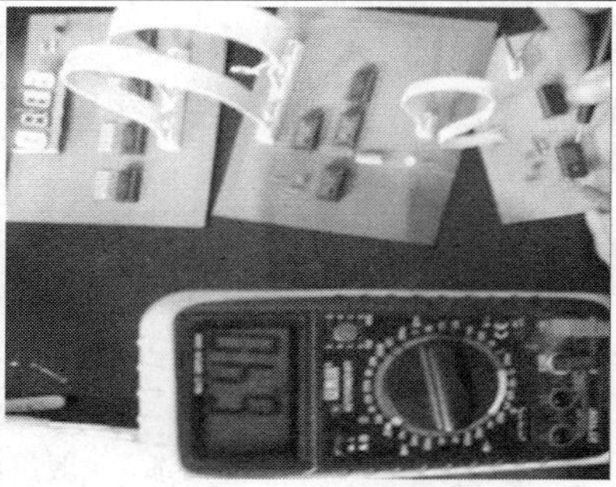 （b）	数字钟的供电电压应为 5～9V 之间，建议使用 6V 直流稳压电源供电，总耗小于 60mA
（3）数字集成电路检测	 （c）	通过万用表、逻辑笔或示波器等设备，检测数字逻辑集成电路各输入和输出端电位，例如，如图（c）所示用逻辑笔检测译码、驱动集成电路 CD4511 输出端的电位情况。当数字集成电路各脚电位随着信号的有无或脉冲数量的变化而发生改变时，说明数字集成电路工作正常

建议在连接和调试之前一定要吃透本电路原理及信号流程结构，对制作调试工作有极大的帮助。

3. 数字钟故障分析与处理

当总装完成通电之后，由于各种原因都可能会导致所制作的数字钟产生故障。表 8-8 所示是数字钟常见故障现象（所测数据均在供电电压为 6V 的条件下进行）。

表 8-8   数字钟常见故障明细表

序号	故障现象	故障原因	检查部位	说明
(1)	数码管不亮	电源未接通	① 电源回路未接或未接触好	万用表测量
			② CD4511 的 16 脚未接电源正极或 8 脚未接地	
			③ 数码管公共端未接地	
		译码、驱动集成电路熄灭"使能端"有效	检查 CD4511 是否错误接地	万用表测量
(2)	数码管显示数字乱跳	计数板与译码板之间的数据线未接或接触不良	检查数据线	观察
		总电源电压低于 3V	检查电路板是否有短路现象，供电设备电压挡位错误或故障	万用表测量
(3)	秒显示位不亮	电阻器 R_7 未接通	检查 R_7 是否损坏或连接线未接通	万用表测量
		三极管 Q_1 被击穿	更换三极管 Q_1	
		电阻器 R_6 连接错误	电阻 R_6 错误接入电源正极	
(4)	秒显示位常亮	VT_1 未连入电路	三极管 VT_1 的集电极 C 极有无电压脉冲，正常 2V 左右	万用表测量
		电阻器 R_6 开路	检查 R_6 的阻值	万用表测量
(5)	CD4060 的 3 脚无脉冲信号	CD4060 的 12 脚未接地	CD4060 的 12 脚没有接地或虚焊	万用表测量
		晶体损坏	CD4060 的 9、10、11 脚的电压是：0、6、1V	
(6)	通电后，数字显示始终没有变化	CD4518 的 1、7、9、15 脚悬空或错接	检查 CD4518 的 7、15 脚的电压，如不为 0，再检查 CD4011 的连线是否接好，或 CD4011（U6）集成电路插反所致	万用表测量
		集成电路插反		

续表

序号	故障现象	故障原因	检查部位	说明
（7）	显示的时间明显不准	二极管 VD$_1$、VD$_2$接反，电阻 R$_3$ 的一端未接电源正极	检查 U3 的 15 脚的电压是否为 0	万用表测量
		CD4013 的 11 脚没有正确连接至 CD4060 的 3 脚上	仔细检查 CD4060 与 CD4013 的连接线	
（8）	集成电路发热	该集成电路插反	观察集成电路引脚对位是否正确	无
（9）	整机工作正常，但整机电流大于100mA	电容器 C$_3$ 漏电	更换 C$_3$	万用表测量

二、项目基本知识

知识点一　组合逻辑电路

数字逻辑电路按照逻辑功能和结构特点的不同可以分为两大类。

一类为组合逻辑电路，它的基本特点是：任何时刻的输出状态，直接由当时的输入状态所决定，而与电路原来所处的状态无关。也就是说，组合逻辑电路不具有记忆功能。

另一类为时序逻辑电路，这一类电路的输出状态不仅与输入状态有关，而且还与电路原来的状态有关。

组合逻辑电路在数字系统中使用频繁，为了方便工程应用，常把某些具有特定逻辑功能的组合电路设计成标准电路，并制造成中小规模集成电路。常见的组合逻辑电路有编码器、译码器、数据分配器、数据选择器等。

组合逻辑电路的分析是根据已知的组合逻辑电路，确定其输入与输出之间的逻辑关系，验证和说明此电路逻辑功能的过程，分析方法一般按以下步骤进行。

① 根据给定的逻辑电路图，写出输出端的逻辑函数表达式。

② 对所得到的表达式进行化简和变换，得到最简式。

③ 根据最简式列出真值表。

④ 分析真值表，确定电路的逻辑功能。

1．编码器

下面以 8421BCD 码（10 线-4 线）编码器为例，有关知识点和基本内容如表 8-9 所示。

表 8-9　　　　　　　　　　　编码器知识点和基本内容

知识点	编码器内容
编码器的功能	所谓编码，就是按照一定规则（或约定）用二进制数码来表示特定对象的过程。例如：车管部门给每辆车一个车牌号，电信部门给每个用户一个号码等都是进行编码，能够实现编码功能的组合逻辑电路称为编码器。BCD 码就是由二-十进制编码器来实现的，它是将十进制数 0～9 编为二-十进制代码（BCD 码）的电路

知识点	编码器内容		
10 线-4 线逻辑元器件实物图和引脚排列图	用与非门可以实现下面的逻辑功能，电路如图（c）所示 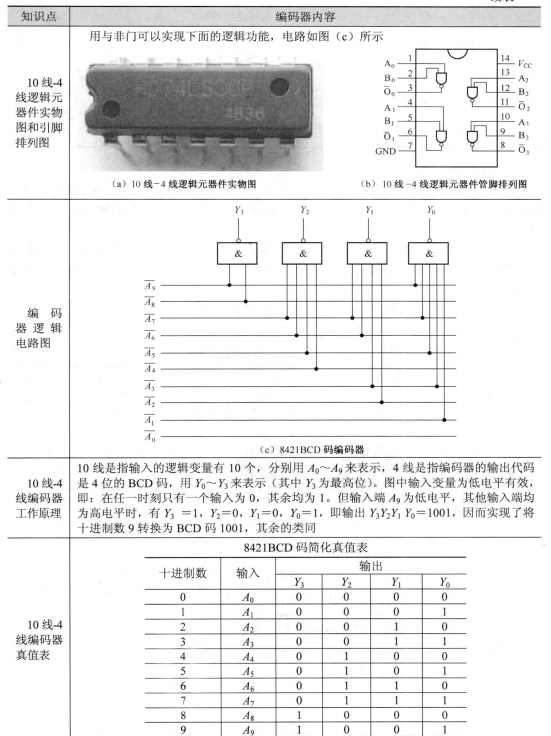 （a）10 线-4 线逻辑元器件实物图　　　　（b）10 线-4 线逻辑元器件管脚排列图		
编码器逻辑电路图	（c）8421BCD 码编码器		
10 线-4 线编码器工作原理	10 线是指输入的逻辑变量有 10 个，分别用 $A_0 \sim A_9$ 来表示，4 线是指编码器的输出代码是 4 位的 BCD 码，用 $Y_0 \sim Y_3$ 来表示（其中 Y_3 为最高位）。图中输入变量为低电平有效，即：在任一时刻只有一个输入为 0，其余均为 1。但输入端 A_9 为低电平，其他输入端均为高电平时，有 $Y_3 = 1$，$Y_2 = 0$，$Y_1 = 0$，$Y_0 = 1$，即输出 $Y_3 Y_2 Y_1 Y_0 = 1001$，因而实现了将十进制数 9 转换为 BCD 码 1001，其余的类同		

8421BCD 码简化真值表

十进制数	输入	输出			
		Y_3	Y_2	Y_1	Y_0
0	A_0	0	0	0	0
1	A_1	0	0	0	1
2	A_2	0	0	1	0
3	A_3	0	0	1	1
4	A_4	0	1	0	0
5	A_5	0	1	0	1
6	A_6	0	1	1	0
7	A_7	0	1	1	1
8	A_8	1	0	0	0
9	A_9	1	0	0	1

（10 线-4 线编码器真值表）

知识点	编码器内容
逻辑数学表达式	$Y_3 = A_8 + A_9 = \overline{\overline{A_8} \cdot \overline{A_9}}$ $Y_2 = A_4 + A_5 + A_6 + A_7 = \overline{\overline{A_4} \cdot \overline{A_5} \cdot \overline{A_6} \cdot \overline{A_7}}$ $Y_1 = A_2 + A_3 + A_6 + A_7 = \overline{\overline{A_2} \cdot \overline{A_3} \cdot \overline{A_6} \cdot \overline{A_7}}$ $Y_0 = A_1 + A_3 + A_5 + A_7 + A_9 = \overline{\overline{A_1} \cdot \overline{A_3} \cdot \overline{A_5} \cdot \overline{A_7} \cdot \overline{A_9}}$

2. 译码器

译码器是组合逻辑电路的一个重要的器件，按照功能的不同，译码器可以分为通用译码器（变量译码）和显示译码器两大类。通用译码器常用的有二进制译码器、二-十进制译码器。

译码是编码的逆过程，它是将给定的二进制数码按照其原意翻译成相应的输出信号。能够实现译码功能的电路称为译码器。例如，把编码器产生的二进制数码还原为原来的十进制数就是一个典型的应用实例。

二-十进制译码器有关知识点和基本内容如表 8-10 所示。

表 8-10   二-十进制译码器知识点和基本内容

知识点	二-十进制译码器内容
二-十进制译码器的功能	能够将 BCD 码翻译为对应的 10 个十进制数的电路，称为二-十进制译码器。常用的二-十进制译码器有 74LS42、74HC42、T1042、T4042 等
二-十进制译码器逻辑元器件实物图和引脚排列图	用与非门和反相器可以实现下面的逻辑表达式，电路如图（c）所示 （a）74LS42 译码器实物图 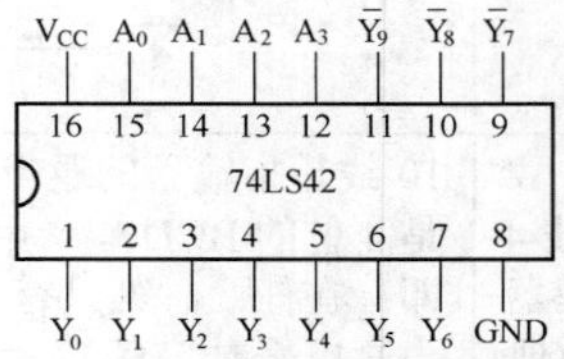 （b）74LS42 译码器引脚排列图
二-十进制译码器逻辑电路图和逻辑符号图	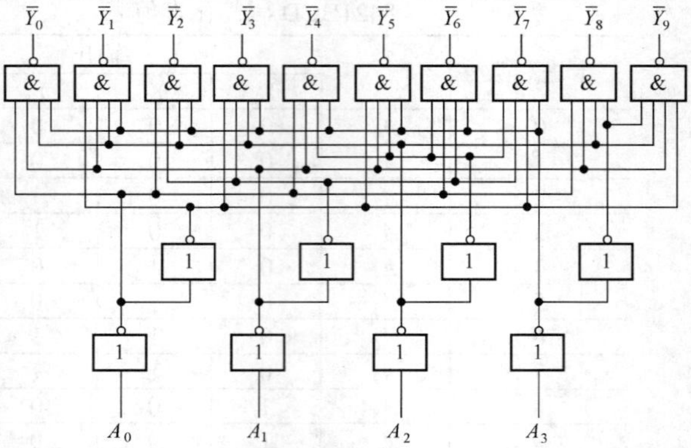

知识点	二-十进制译码器内容
二-十进制译码器逻辑电路图和逻辑符号图	$\overline{Y}_0$ $\overline{Y}_1$ $\overline{Y}_2$ $\overline{Y}_3$ $\overline{Y}_4$ $\overline{Y}_5$ $\overline{Y}_6$ $\overline{Y}_7$ $\overline{Y}_8$ $\overline{Y}_9$ Y_0 Y_1 Y_2 Y_3 Y_4 Y_5 Y_6 Y_7 Y_8 Y_9 74LS42 A_0 A_1 A_2 A_3 A_0 A_1 A_2 A_3 （c）二-十进制译码器逻辑电路图和逻辑符号图
二-十进制译码器工作原理	BCD 码是用 4 位二进制数码表示 1 位十进制数，即译码器的输入为 4 位二进制数，有 4 条输入线 A_0、A_1、A_2、A_3；10 条输出线 $\overline{Y}_0 \sim \overline{Y}_9$，分别对应着十进制数 0～9，所以也称为 4 线-10 线译码器，输出低电平有效
二-十进制译码器真值表	如下表所示，对于 BCD 码以外的无效数码（也称为伪码，即 1010～1111 共 6 个代码），74LS42 能自动拒绝伪码，输出端全部为高电平，拒绝"翻译"（真值表没有列出）。

74LS42 译码器真值表

序号	输入				输出									
	A_3	A_2	A_1	A_0	$\overline{Y}_0$	$\overline{Y}_1$	$\overline{Y}_2$	$\overline{Y}_3$	$\overline{Y}_4$	$\overline{Y}_5$	$\overline{Y}_6$	$\overline{Y}_7$	$\overline{Y}_8$	$\overline{Y}_9$
0	0	0	0	0	0	1	1	1	1	1	1	1	1	1
1	0	0	0	1	1	0	1	1	1	1	1	1	1	1
2	0	0	1	0	1	1	0	1	1	1	1	1	1	1
3	0	0	1	1	1	1	1	0	1	1	1	1	1	1
4	0	1	0	0	1	1	1	1	0	1	1	1	1	1
5	0	1	0	1	1	1	1	1	1	0	1	1	1	1
6	0	1	1	0	1	1	1	1	1	1	0	1	1	1
7	0	1	1	1	1	1	1	1	1	1	1	0	1	1
8	1	0	0	0	1	1	1	1	1	1	1	1	0	1
9	1	0	0	1	1	1	1	1	1	1	1	1	1	0

知识点	二-十进制译码器内容
二-十进制译码器逻辑数学表达式	$Y_0 = \overline{A}_3\,\overline{A}_2\,\overline{A}_1\,\overline{A}_0$ $Y_1 = \overline{A}_3\,\overline{A}_2\,\overline{A}_1\,A_0$ $Y_2 = \overline{A}_3\,\overline{A}_2\,A_1\,\overline{A}_0$ $Y_3 = \overline{A}_3\,\overline{A}_2\,A_1\,A_0$ $Y_4 = \overline{A}_3\,A_2\,\overline{A}_1\,\overline{A}_0$ $Y_5 = \overline{A}_3\,A_2\,\overline{A}_1\,A_0$ $Y_6 = \overline{A}_3\,A_2\,A_1\,\overline{A}_0$ $Y_7 = \overline{A}_3\,A_2\,A_1\,A_0$ $Y_8 = A_3\,\overline{A}_2\,\overline{A}_1\,\overline{A}_0$ $Y_9 = A_3\,\overline{A}_2\,\overline{A}_1\,A_0$

3．加法器

加法器电路分为半加器和全加器两种。半加器在运算时不考虑前位的进位；全加器则考虑前位的进位。因此，全加器在电路的实现上也较复杂。

半加器有关知识点和基本内容如表 8-11 所示。

表 8-11 　　　　　　　　　　半加器知识点和基本内容

知识点	半加器内容
半加器的功能	能对两个 1 位二进制数进行相加而求得和及进位的逻辑电路称为半加器。它只考虑本位数的相加，而不考虑低位来的进位数，所以叫半加器
半加器逻辑元器件实物图和引脚排列图	用与门和异或门可以实现下面的逻辑表达式，电路如图（c）所示  （a）74LS08 与门实物图 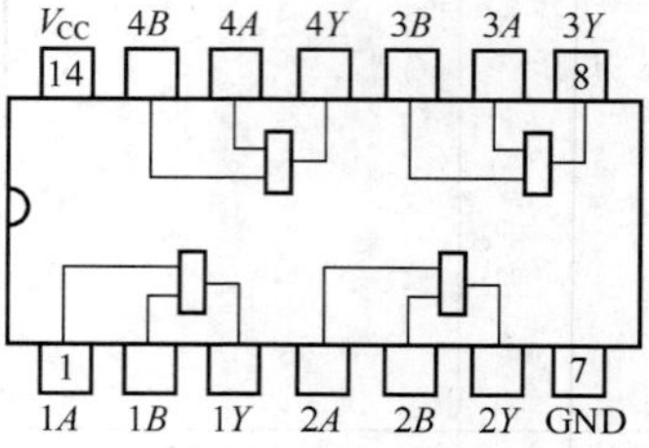　　　（b）74LS08 与门管脚排列图
半加器逻辑电路图和逻辑符号	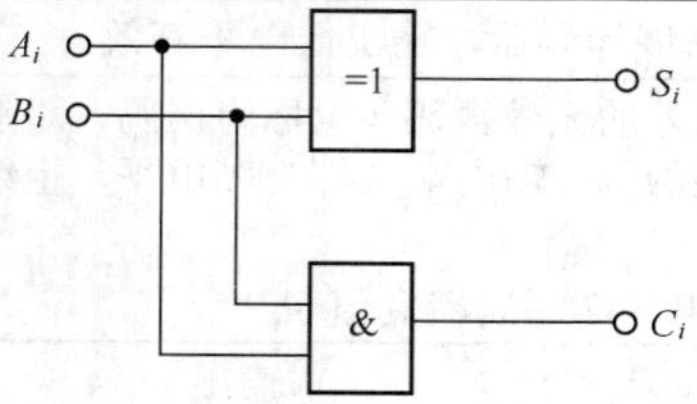 （c）半加器逻辑电路图 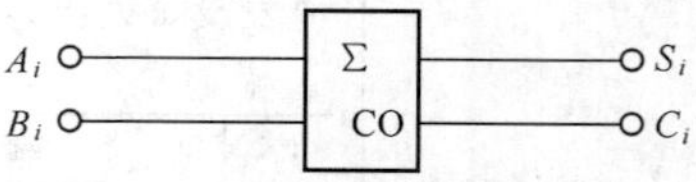　　　（d）半加照逻辑符号
半加器工作原理	从二进制数加法的角度看，真值表中只考了两个加数本身，没有考虑低位来的进位，这就是半加器一词的由来
半加器真值表	<table><tr><th colspan="2">输　入</th><th colspan="2">输　出</th></tr><tr><td>被加数 A_i</td><td>加数 B_i</td><td>和 S_i</td><td>进位 C_i</td></tr><tr><td>0</td><td>0</td><td>0</td><td>0</td></tr><tr><td>0</td><td>1</td><td>1</td><td>0</td></tr><tr><td>1</td><td>0</td><td>1</td><td>0</td></tr><tr><td>1</td><td>1</td><td>0</td><td>1</td></tr></table>
半加器逻辑数学表达式	$S_i = \overline{A_i}B_i + A_i\overline{B_i} = A_i \oplus B_i$ $C_i = A_i B_i$

4．数据分配器和数据选择器

（1）数据分配器

数据分配器有关知识点和基本内容如表 8-12 所示。

表 8-12 　　　　　　　　　　数据分配器知识点和基本内容

知识点	数据分配器内容
数据分配器逻辑元器件完成的功能	能够实现把共用传输总线上的数据分配到不同的输出端这一功能的电路称为数据分配器。它是将一路输入变为多路输出的电路，相当于如图（e）所示的波段开关，其中 D 为数据输入端，$Y_0 \sim Y_3$ 为输出端，A_1、A_0 为控制端或地址输入端，用以控制数据 D 传送到不同的通道（$Y_0 \sim Y_3$）上去 当 $A_1 A_0 = 00$ 时，数据 D 从 Y_0 通道输出，有 $Y_0 = D$； 当 $A_1 A_0 = 01$ 时，数据 D 从 Y_1 通道输出，有 $Y_1 = D$； 同理，当 $A_1 A_0 = 10$ 时，有 $Y_2 = D$；$A_1 A_0 = 11$ 时，$Y_3 = D$。 根据这一逻辑要求，可以设计出四路输出的数据分配器。

续表

知识点	数据分配器内容
数据分配器逻辑元器件实物图和引脚排列图	用与门和反相器可以实现下面的逻辑电路，电路如图（f）所示 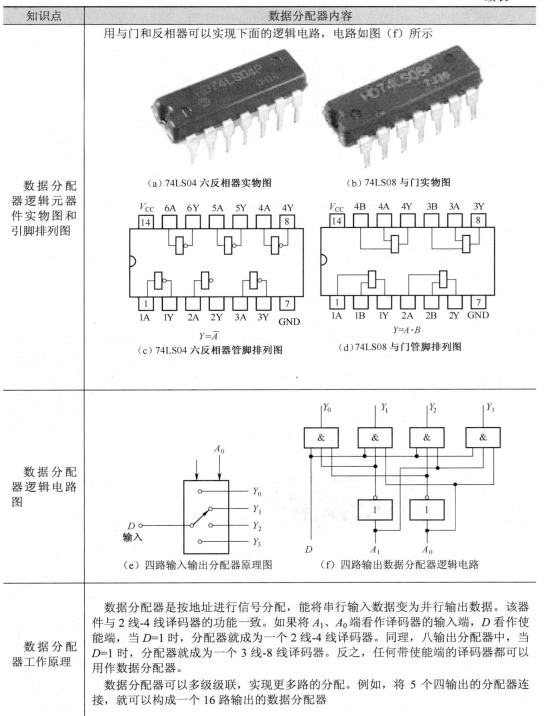 （a）74LS04 六反相器实物图　　　　　（b）74LS08 与门实物图 $Y=\overline{A}$ （c）74LS04 六反相器管脚排列图　　　$Y=A \cdot B$ （d）74LS08 与门管脚排列图
数据分配器逻辑电路图	（e）四路输入输出分配器原理图　　　　（f）四路输出数据分配器逻辑电路
数据分配器工作原理	数据分配器是按地址进行信号分配，能将串行输入数据变为并行输出数据。该器件与 2 线-4 线译码器的功能一致。如果将 A_1、A_0 端看作译码器的输入端，D 看作使能端，当 $D=1$ 时，分配器就成为一个 2 线-4 线译码器。同理，八输出分配器中，当 $D=1$ 时，分配器就成为一个 3 线-8 线译码器。反之，任何带使能端的译码器都可以用作数据分配器。 　　数据分配器可以多级级联，实现更多路的分配。例如，将 5 个四输出的分配器连接，就可以构成一个 16 路输出的数据分配器

续表

知识点	数据分配器内容						
	四路分配器真值表						

知识点	输入			输出			
数据分配器真值表	A_1	A_0	D	Y_0	Y_1	Y_2	Y_3
	0	0	0	0	×	×	×
	0	0	1	1	×	×	×
	0	1	0	×	0	×	×
	0	1	1	×	1	×	×
	1	0	0	×	×	0	×
	1	0	1	×	×	1	×
	1	1	0	×	×	×	0
	1	1	1	×	×	×	1

知识点	内容
数据分配器逻辑数学表达式	$Y_0 = \overline{A_1}\,\overline{A_0}D \qquad Y_1 = \overline{A_1}A_0D$ $Y_2 = A_1\overline{A_0}D \qquad Y_3 = A_1A_0D$

（2）数据选择器

数据选择器有关知识点和基本内容如表 8-13 所示。

表 8-13　　　　　　数据选择器知识点和基本内容

知识点	数据选择器内容
数据选择器逻辑元器件完成的功能	数字系统中，将多路数据进行远距离传送时，为了减少传输线的数目，往往需要多个数据通道共用一条传输总线来传送信息。能够实现把多个数据通道地信息有选择地传送到共用传输总线上的电路称为数据选择器，它是一个多输入、单输出的组合逻辑电路。其功能与数据分配器相反，相当于一个单刀多掷开关，常用的数据选择器有 2 选 1、4 选 1、8 选 1、16 选 1 等
数据选择器逻辑元器件实物图和引脚排列图	用 74LS153 可以实现下面的逻辑电路，如图（c）所示  （a）74LS153 实物图 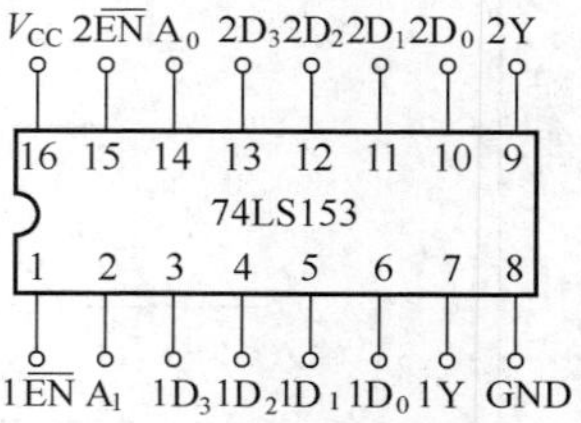　　　　　　（b）74LS153 管脚排列图
数据选择器逻辑电路图（4 选 1 数据选择器）	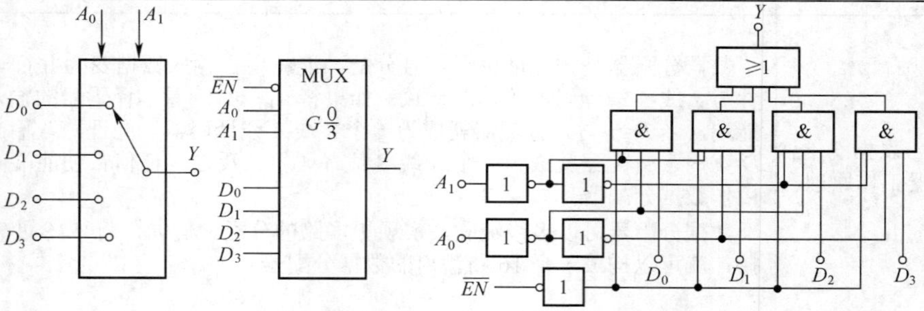 （c）逻辑框图、逻辑符号、逻辑电路（仅画出 74LS153 的一半）

续表

知识点	数据选择器内容
数据选择器工作原理	电路图中 $D_0 \sim D_3$ 为 4 路数据输入端，A_1、A_0 是地址输入端，由 A_1、A_0 的 4 种状态 00、01、10、11 分别控制 4 个与门的开闭。任何时刻只有一种 A_1、A_0 的取值将一个与门打开，使对应的那一路输入数据通过，并从 Y 端输出。$\overline{EN}$ 为使能端，低电平有效，当 $\overline{EN}=1$ 时，电路处于禁止状态；当 $\overline{EN}=0$ 时，数据选择器工作，根据 A_0、A_1 的取值组合，从 $D_0 \sim D_3$ 中选一路数据输出，如果 A_1、A_0 地址信号依次改变，即按照顺序 00→01→10→11 改变，则 $D_0 \sim D_3$ 将依次输出，因而可以实现将并行输入的代码变为串行输出的代码。当需要实现多路信息的选择时，可以多级连接

知识点	4 选 1 数据选择器的真值表			
	输　入			输出
数据选择器真值表	$\overline{ST}$	A	B	Y
	0	0	0	D_0
	0	0	1	D_1
	0	1	0	D_2
	0	1	1	D_3
	1	$\times$	$\times$	0

知识点	内容
数据选择器逻辑数学表达式	$Y = D_0 \overline{A_1}\,\overline{A_0} + D_1 \overline{A_1} A_0 + D_2 A_1 \overline{A_0} + D_2 A_1 A_0 = \sum_{i=0}^{3} D_i m_i$

知识点二　触发器

触发器电路的特点是具有记忆功能。它具备两种稳定状态：0 态（即 $Q=0$，$\overline{Q}=1$）或 1 态（即 $Q=1$，$\overline{Q}=0$）；分别代表二进制数码 0 和 1。外加合适的触发信号，其状态可以相互转换。而在触发信号过后，其状态保持不变，这就是它的记忆功能。

触发器按结构形式不同可以分为基本 RS 触发器（不受时钟脉冲 CP 的控制）和时钟控制触发器（受时钟脉冲 CP 的控制）。时钟控制触发器又可分为同步 RS 触发器，主从型触发器以及边沿触发器。

1．RS 触发器

基本 RS 触发器是组成各类触发器的基础。有关知识点和基本内容如表 8-14 所示。

表 8-14　　　　　　　　　基本 RS 触发器知识点和基本内容

知识点	基本 RS 触发器内容
基本 RS 触发器的功能	触发器是能够存储一位二进制数码的电路，它是由逻辑门电路通过一定的方式组合而成的。触发器有两个自行保持的稳定状态（1 或 0），并且根据不同的输入信号可以置为 1 或 0 的状态，当输入信号消失后，能够把新状态保持下来。规定当 $Q=0$，$\overline{Q}=1$ 时，触发器处于 0 状态，$Q=1$，$\overline{Q}=0$ 时触发器处于 1 状态，即用 Q 端的状态代表触发器的状态。因而，在稳定时，触发器有两种可能的状态：0 态和 1 态，利用这两种状态可以存储一位二进制数码 0 或 1

知识点	基本 RS 触发器内容
基本 RS 触发器逻辑元器件实物图和引脚排列图	用两个与非门（也可以由两个或非门）可以实现下面的记忆功能，如图（c）所示  （a）74LS00 实物图 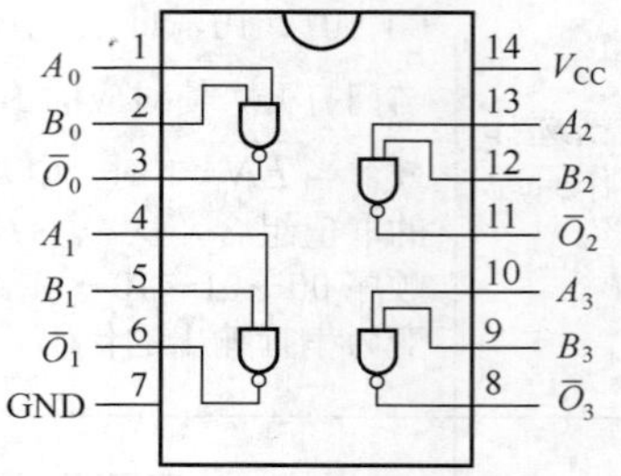　　　　　（b）74LS00 管脚排列图
基本 RS 触发器的电路图和逻辑符号图	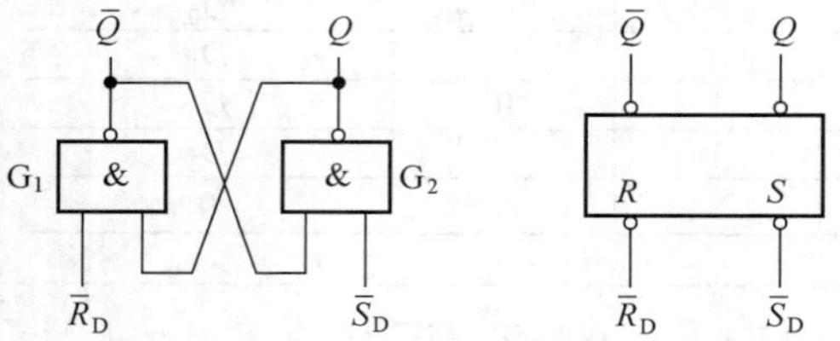 （c）逻辑电路和逻辑符号 基本 RS 触发器由两个与非门交叉构成，如图（c）左部所示，电路有两个输入端 $\overline{R}_D$、$\overline{S}_D$ 和两个输出端 Q 和 $\overline{Q}$，其中 $\overline{R}_D$ 称为置 0 端，$\overline{S}_D$ 称为置 1 端，两个输出端在正常工作时，必须是互补的。图（c）右部是基本 RS 触发器的逻辑符号
基本 RS 触发器的工作原理	① 当 $\overline{R}_D=0$，$\overline{S}_D=1$ 时，触发器输出 $Q=0$，$\overline{Q}=1$。 ② 当 $\overline{R}_D=1$，$\overline{S}_D=0$ 时，触发器输出 $Q=1$，$\overline{Q}=0$。 ③ 当 $\overline{R}_D=\overline{S}_D=1$ 时，若触发器原状态为 0 态，则 $Q=0$，$\overline{Q}=1$，仍然保持原状态不变，若触发器原状态为 1 态，则 $Q=1$，$\overline{Q}=0$，保持 1 态不变；因此，此时触发器的输出状态是保持不变的。 ④ 当 $\overline{R}_D=\overline{S}_D=0$ 时，则强迫两个与非门的输出都为 1，不满足输出互补的要求，这种情况是不允许的，故称为不允许状态。因此，复位和置位输入信号中只能有一个为低电平，低电平加在复位端，触发器复位，$Q=0$；低电平加在置位端，触发器置位，$Q=1$。所以，基本 RS 触发器又称为置位复位触发器

基本 RS 触发器状态真值表			
$\overline{R}_D$	$\overline{S}_D$	Q	$\overline{Q}$
0	1	0	1
1	0	1	0
1	1	不变	不变
0	0	不定	不定

（左侧栏：基本 RS 触发器状态真值表）

2．JK 触发器

JK 触发器有关知识点和基本内容如表 8-15 所示。

表 8-15　JK 触发器知识点和基本内容

知识点	主从 JK 触发器内容
主从 JK 触发器的功能	同步 RS 触发器在 $CP=1$ 期间，如果输入信号多次发生变化，那么触发器的状态也会发生多次翻转（这种触发器工作方式称为电平触发方式），这种现象称为空翻，空翻现象使得电路的抗干扰能力下降，并会破坏整个电路系统中个触发器的工作节拍，要避免这种现象的发生就必须保证输入信号在 CP 规定的逻辑电平期间稳定不变，因而需要对电路进行改进，在同步 RS 触发器的基础上设计出主从触发器，它可以避免这样的空翻现象，主从 JK 触发器就是其中的一种
主从 JK 触发器逻辑元器件实物图和引脚排列图	主从 JK 触发器可以用两块 74LS00 和与非门（其中一个与非门接成非门）实现下面的记忆功能，避免空翻现象，如图（c）所示  （a）74LS00 实物图 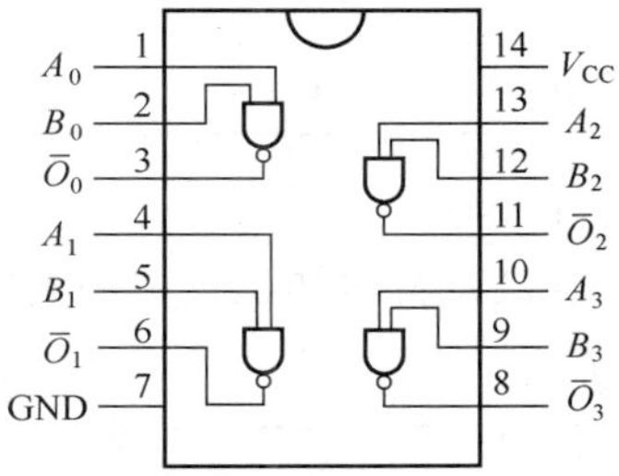　　　　（b）74LS00 管脚排列图
主从 JK 触发器的电路图和逻辑符号图	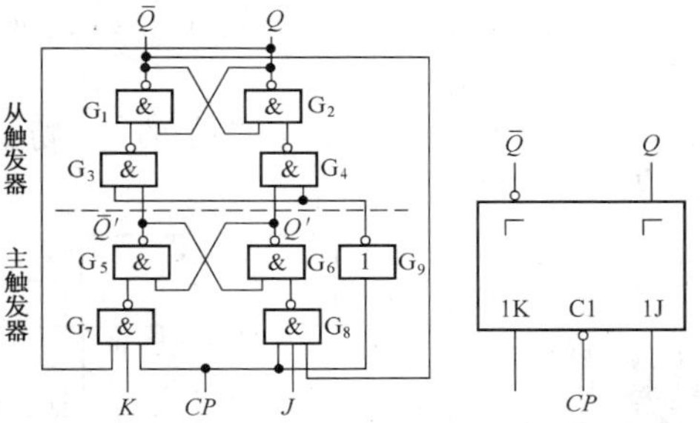 （c）主从 JK 触发器的电路结构及逻辑符号图 主从 JK 触发器的逻辑结构如图（c）所示，图中 CP 是下降沿触发有效。它是由两个同步 RS 触发器和一个非门构成，其中两个同步 RS 触发器一个称为"主触发器"，另一个称为"从触发器"，非门使得加到这两个触发器的时钟信号反相。输入信号 J、K 位于主触发器的输入端，输出信号 Q、$\overline{Q}$ 由从触发器输出，并将 Q、$\overline{Q}$ 端的状态作为一对附加的控制信号接回到主触发器的输入端
主从 JK 触发器的工作原理	① $J=1$、$K=0$ 时，设触发器初始状态 $Q=1$、$\overline{Q}=0$，G_7、G_8 两门均因为有 0 输入而被封锁。由基本 RS 触发器的逻辑功能可知，主触发器的状态在 CP 到来后保持原来状态不变。若触发器的初始状态为 $Q=0$、$\overline{Q}=1$，则在 $CP=1$ 时，G_8 门打开，G_7 门被封锁，主触发器被置 1；而在 $CP=1$ 时，经 G_9 门倒相，使 G_3、G_4 两门均有 0 输入而被封锁，直到 CP 下降沿到来后，G_3、G_4 两门才被打开，从触发器取得与主触发器一致的状态，被置 1。由此可见，无论触发器原来的状态如何，当 $J=1$、$K=0$ 时，CP 信号到来后，触发器置 1。 ② $J=0$、$K=1$ 时，设触发器初始状态为 $Q=0$、$\overline{Q}=1$，G_7、G_8 两门均被封锁，主触发器的状态在 CP 到来后保持原来的状态不变。若触发器初始状态为 $Q=1$、$\overline{Q}=0$，则在 $CP=1$ 时，G_7 门打开，主触发器被置 0，从触发器在 $CP=1$ 期间被封锁，直到 CP 下降沿到来后，从触发器随之置 0。由此可见，无论触发器原来状态如何，当 $J=0$、$K=1$ 时，CP 信号到来后，触发器置 0。 ③ $J=K=0$ 时，CP 脉冲不能使触发器翻转，因而主从触发器的状态均保持不变。 ④ $J=K=1$ 时，如果 $Q_i=0$，$CP=1$ 时，主触发器置 1；$CP=0$ 后从触发器也随之置 1，即输出的状态与原态相反，如果 $Q_i=1$，$CP=1$ 时，主触发器置 0；$CP=0$ 后从触发器也随之置 0，输出的状态仍然与原态相反

续表

知识点	主从 JK 触发器内容				
	主从 JK 触发器的真值表				
主从 JK 触发器状态真值表	J	K	Q_i	Q_{i+1}	说明
	0	0	0	0	保持
	0	0	1	1	
	0	1	0	0	置0
	0	1	1	0	
	1	0	0	1	置1
	1	0	1	1	
	1	1	0	1	相反
	1	1	1	0	

3．D 触发器

D 触发器有关知识点和基本内容如表 8-16 所示。

表 8-16   D 触发器知识点和基本内容

知识点	D 触发器内容
D 触发器的功能	在 JK 触发器的 K 端接一个非门，再接到 J 端，引出一个控制端 D，就组成了一个 D 触发器，这种触发器在 $CP=1$ 时，$R=\overline{D}=\overline{S}$，不会再出现 $R=S=1$ 而使触发器状态不能确定的情况
D 触发器逻辑元器件实物图和引脚排列图	D 触发器用 4 个与非门（也可以由 4 个或非门）可以实现下面的记忆功能，并且不会再出现 $R=S=1$ 而使触发器状态不能确定，如图（c）所示  （a）74LS00 实物图 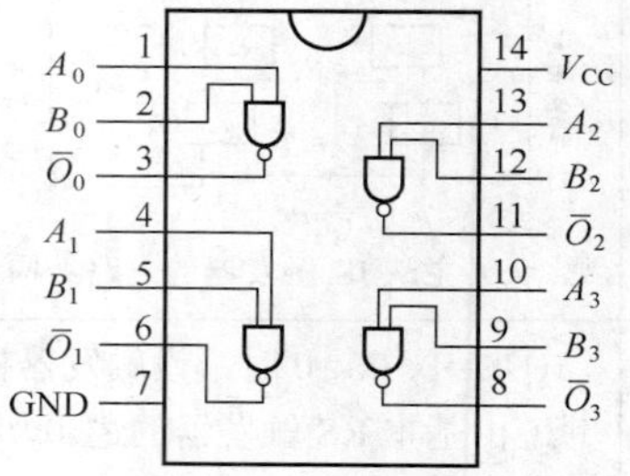 （b）74LS00 管脚排列图
D 触发器的电路图和逻辑符号图	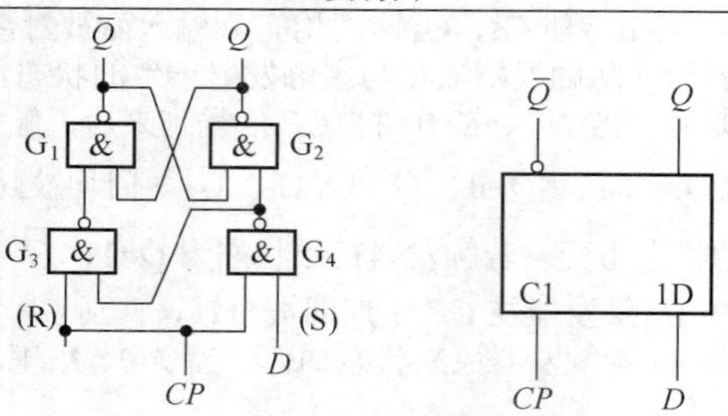 （c）D 触发器电路图和逻辑符号图 它由同步 RS 触发器演变而来，其中 G_4 输出反馈到 G_3 的输入 R 端（R 不再引出），S 端改作 D 端，这就构成了 D 触发器
D 触发器的工作原理	① 当 $D=1$ 时，相当于 $J=1$、$K=0$ 的条件，此时，不管触发器原来的状态如何，CP 脉冲到来后，触发器总是置 1。 ② 当 $D=0$ 时，对应于 $J=0$、$K=1$ 的条件，此时，不管触发器原来的状态如何，CP 脉冲到来后，触发器总是置 0

知识点	D 触发器内容		
D 触发器 真值表	D 触发器状态转换真值表（化简后）		
	D	Q_{i+1}	说明
	0	0	输出状态总与输入状态相同
	1	1	输出状态总与输入状态相反

4. 边沿控制触发器

目前，数字集成电路产品中，常见的边沿控制触发器有利用 CMOS 传输门的边沿触发器，维持阻塞触发器，利用门电路延迟时间的边沿触发器等，边沿触发器又分为正边沿触发器和负边沿触发器。这里只以 CMOS 边沿 D 触发器 74HC74 集成芯片为例作一简单介绍。有关知识点和基本内容如表 8-17 所示。

表 8-17　　　　　　　　　CMOS 边沿 D 触发器知识点和基本内容

知识点	CMOS 边沿 D 触发器内容
CMOS 边沿 D 触发器的功能	边沿控制触发器只在 CP 上升沿或者下降沿到来时接收此刻的输入信号，进行状态转换，而其他时刻输入信号的状态变化对触发器没有影响，因而有效地抑制了空翻现象，提高了可靠性和抗干扰能力
CMOS 边沿 D 触发器逻辑元器件实物图和引脚排列图	用两个与非门（也可以由两个或非门）可以实现具有记忆功能逻辑电路，如图（a）所示  （a）边沿 D 触发器的实物图 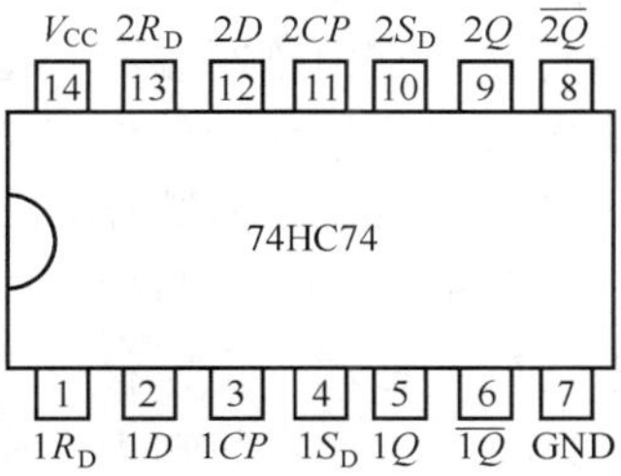　　（b）边沿 D 触发器引脚排列图
CMOS 边沿 D 触发器的电路图和逻辑符号图	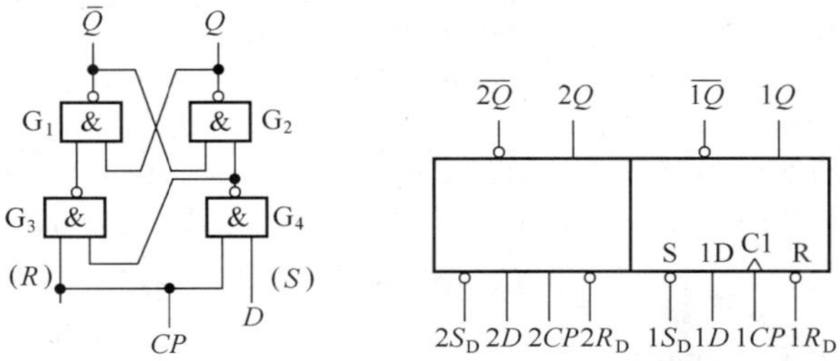 （c）74HC74 电路图（仅画出一半）和引脚排列图 在 74HC74 芯片里，封装了两个相同、并且独立的 D 触发器，每个触发器只有一个 D 端，它们都带有置 0 端 R_D 和置 1 端 S_D，低电平有效。CP 上升沿触发 74HC74 的逻辑符号和 D 触发器电路，如图（c）所示
CMOS 边沿 D 触发器的工作原理	CMOS 边沿 D 触发器无论 CP 取何值，只要 $R_D=0$，触发器就置 0；$S_D=0$，触发器就置 1（低电平有效）。在 CP 上升沿到来时，触发器根据输入的 D 信号作出相应的动作，即输出 $Q_{i+1}=D$

续表

知识点	CMOS 边沿 D 触发器内容				
	CMOS 边沿 D 触发器 74HC74 真值表				
CMOS 边沿 D 触发器状态真值表	输入				输出
	R_D	S_D	CP	D	Q_{i+1}
	0	1	×	×	0
	1	0	×	×	1
	1	1	↑	0	0
	1	1	↑	1	1

知识点三　时序逻辑电路

时序逻辑电路是数字电路中重要的组成部分，时序逻辑电路的特点是电路的输出状态不仅与同一时刻的输入状态有关，而且与电路的原有状态有关。

时序逻辑电路可以分为同步时序逻辑电路和异步时序逻辑电路。在同步时序逻辑电路中，组成存储电路的各触发器都受同一时钟脉冲控制，即所有触发器的状态变化都在同一时刻发生。而异步时序逻辑电路的各触发器没有统一的时钟脉冲（或没有时钟脉冲）来控制。

时序逻辑电路一般由组合逻辑电路和存储电路组成，常见时序电路中的存储电路由触发器构成。

1. 寄存器

在数字电路中，寄存器用于暂时存放数据和指令。寄存器按照功能可以分为数码寄存器和移位寄存器。它由触发器和门电路组成，利用触发器的存储功能可以构成基本的寄存器，一个触发器可以存储一位二进制代码，n 个触发器可以存放 n 个二进制代码。前面介绍的各种触发器都是能够存储一位二进制代码的寄存器。

移位寄存器不但可以寄存数码，而且在移位脉冲的作用下，寄存器中的数码可以根据需要向左或者向右移动一位。移位寄存器也是数字系统和计算机中应用很广泛的数字逻辑部件。单向移位寄存器其知识点和基本内容如表 8-18 所示。

表 8-18　　　　　　　　　单向移位寄存器知识点和基本内容

知识点	寄存器内容
逻辑元器件完成的功能	寄存器是存放数码的器件，它必须具备接收和寄存数码的功能。它可以由任何一种类型的触发器构成。寄存器有数码寄存器和移位寄存器。 单向移位寄存器可以分为左移寄存器和右移寄存器，两种单向移位寄存器的工作原理相同，只是数码输入顺序不同
逻辑元器件引脚排列图、实物图和逻辑符号	用两个 74LS74 双 D 触发器，可用实现移位寄存器的逻辑电路，其实物图、引脚排列和逻辑符号图如下图（a）、（b）、（c）所示。右移寄存器的逻辑电路图如图（d）所示  （a）74LS74 双 D 触发器实物图 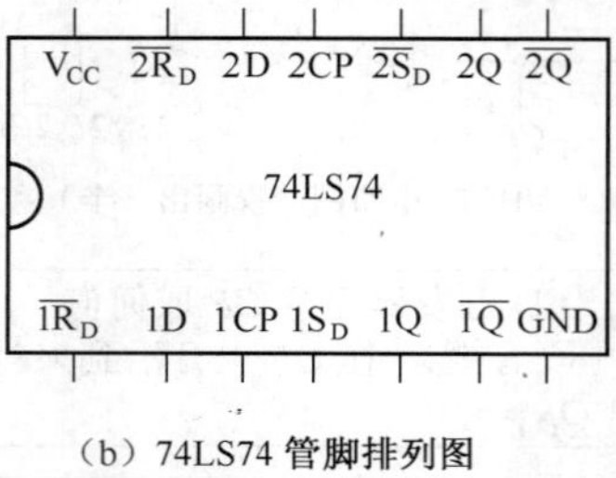　　　（b）74LS74 管脚排列图 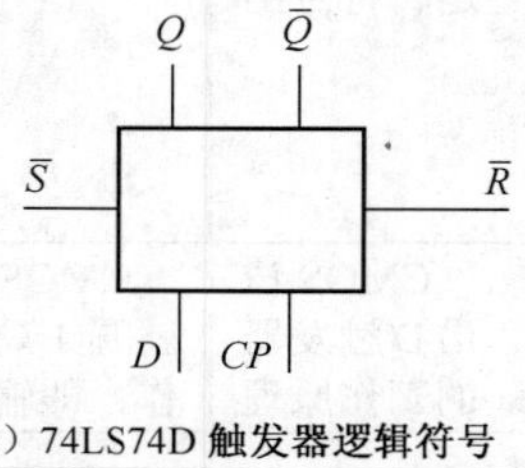　　　（c）74LS74D 触发器逻辑符号

续表

知识点	寄存器内容
右移寄存器逻辑图	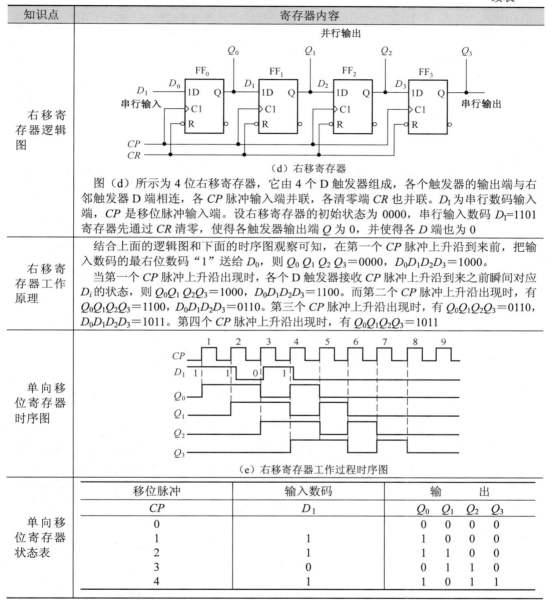 （d）右移寄存器 图（d）所示为 4 位右移寄存器，它由 4 个 D 触发器组成，各个触发器的输出端与右邻触发器 D 端相连，各 CP 脉冲输入端并联，各清零端 CR 也并联。D_1 为串行数码输入端，CP 是移位脉冲输入端。设右移寄存器的初始状态为 0000，串行输入数码 $D_1=1101$ 寄存器先通过 CR 清零，使得各触发器输出端 Q 为 0，并使各 D 端也为 0
右移寄存器工作原理	结合上面的逻辑图和下面的时序图观察可知，在第一个 CP 脉冲上升沿到来前，把输入数码的最右位数码"1"送给 D_0，则 $Q_0Q_1Q_2Q_3=0000$，$D_0D_1D_2D_3=1000$。 当第一个 CP 脉冲上升沿出现时，各个 D 触发器接收 CP 脉冲上升沿到来之前瞬间对应 D_i 的状态，则 $Q_0Q_1Q_2Q_3=1000$，$D_0D_1D_2D_3=1100$。而第二个 CP 脉冲上升沿出现时，有 $Q_0Q_1Q_2Q_3=1100$，$D_0D_1D_2D_3=0110$。第三个 CP 脉冲上升沿出现时，有 $Q_0Q_1Q_2Q_3=0110$，$D_0D_1D_2D_3=1011$。第四个 CP 脉冲上升沿出现时，有 $Q_0Q_1Q_2Q_3=1011$
单向移位寄存器时序图	（e）右移寄存器工作过程时序图
单向移位寄存器状态表	见下表

移位脉冲	输入数码	输 出			
CP	D_1	Q_0	Q_1	Q_2	Q_3
0		0	0	0	0
1	1	1	0	0	0
2	1	1	1	0	0
3	0	0	1	1	0
4	1	1	0	1	1

2．计数器

计数器的种类有很多，按进位制的不同，可分为二进制计数器和十进制计数器；按运算功能的不同，可分为加法计数器、减法计数器和可逆计数器；按计数过程中各触发器的翻转次序不同，可分为同步计数器和异步计数器等。触发器是组成计数器的基本单元。

（1）二进制加法计数器

二进制加法计数器其知识点和基本内容如表 8-19 所示。

表 8-19　　　　　　　　　二进制加法计数器知识点和基本内容

知识点	二进制加法计数器内容
二进制加法计数器的功能	具有计数功能的电路称为计数器，计数器是数字电路中最常用的时序逻辑部件之一。计数器的应用十分广泛，不仅用于计数，也用于分频、定时
二进制加法计数器逻辑元器件引脚排列图、实物图和逻辑符号	74LS194 集成电路，具有实现并行输入、并行输出双向移位寄存数据的作用，其实物图、引脚排列和逻辑符号图如下图（a）、（b）、（c）所示。其内部的逻辑电路，如图（d）所示  （a）74LS194 触发器实物图 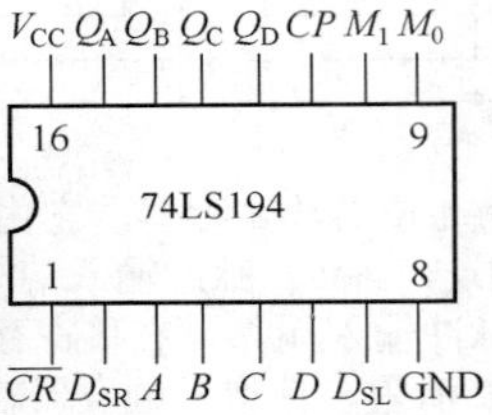　（b）74LS194 触发器管脚排列图 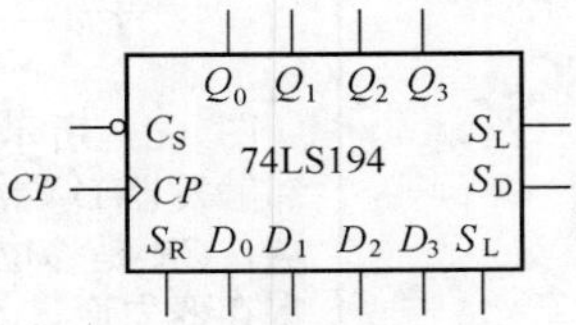　（c）74LS194 触发器逻辑符号
二进制加法计数器逻辑电路图	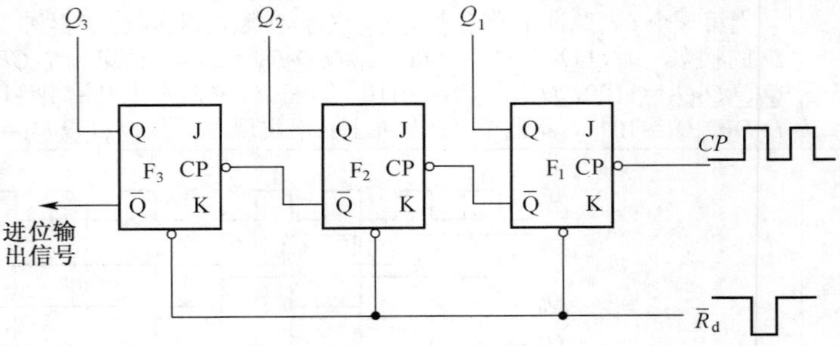 （d）三位二进制加法计数器
二进制加法计数器的工作原理	计数原理是：计数前，先将计数器清"0"，即在各触发器的 $\overline{R}_D$ 端加上负脉冲。使 $F_1 \sim F_3$ 全部处于"0"态（$Q_3 Q_2 Q_1 = 000$），由主从 JK 触发器的逻辑功能可知，在 $J=K=1$，计数脉冲 CP 信号产生负跳变时，F_1 状态改变一次。由于 Q_1 作为触发器 F_2 的时钟脉冲，则每当 Q_1 发生负跳变时，F_2 的状态就改变一次；Q_2 又作为时钟脉冲驱动触发器 F_3。如此进行下去，就可以实现二进制加法计数
二进制加法计数器时序图	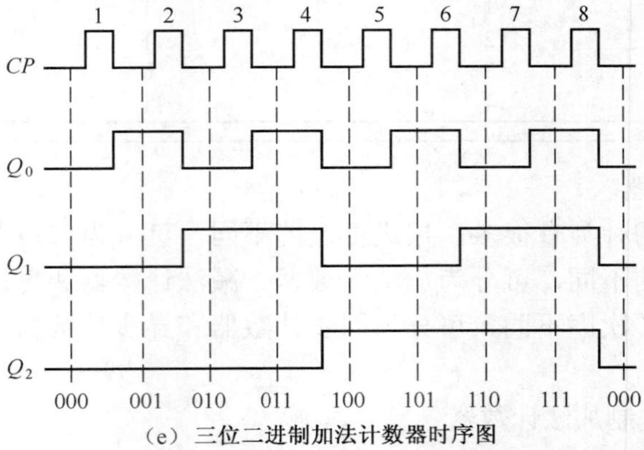 （e）三位二进制加法计数器时序图

续表

知识点	二进制加法计数器内容
二进制加法计数器时序图	经过分析状态时序图可知，当第一个计数脉冲作用后，3 个触发器 F_3、F_2、F_1 的状态由 000 变为 001；第二个计数脉冲作用后，各触发器状态由 001 变为 010；…；当第七个计数脉冲作用后，F_3、F_2、F_1 的状态为 111；当第八个计数脉冲作用后，F_3、F_2、F_1 的状态变为 000。也就是说，3 个触发器组成的计数器，最多可记忆 8 个计数脉冲。若需记忆 2^{n-1} 个计数脉冲，则需要串联 n 个触发器来构成 2^n 进制计数器。 同时，计数器不仅能够记忆输入脉冲的数目，而且具有分频功能。因为 3 个触发器的输出脉冲 Q_1、Q_2 和 Q_3 的频率分别是计数脉冲 CP 频率的 1/2、1/4 和 1/8，因此也称之为二分频、四分频和八分频

知识点				
三位二进制加法计数器状态表	CP 顺序	Q_2　Q_1　Q_0		等效十进制数
	0	0	0	0	0

三位二进制加法计数器状态表

CP 顺序	Q_2	Q_1	Q_0	等效十进制数
0	0	0	0	0
1	0	0	1	1
2	0	1	0	2
3	0	1	1	3
4	1	0	0	4
5	1	0	1	5
6	1	1	0	6
7	1	1	1	7
8	0	0	0	0

（2）二进制减法计数器

二进制减法计数器其知识点和基本内容如表 8-20 所示。

表 8-20　　　　　　　　　二进制减法计数器知识点和基本内容

知识点	二进制减法计数器内容
二进制减法计数器的功能	具有计数功能的电路称为计数器，计数器是数字电路中最常用的时序逻辑部件之一。计数器的应用十分广泛，不仅用于计数，也用于分频、定时
二进制减法计数器逻辑元器件引脚排列图、实物图和逻辑符号	74LS194 集成电路具有实现并行输入、并行输出双向移位寄存数据的作用，其实物图、引脚排列和逻辑符号图如下图（a）、（b）、（c）所示。其内部的逻辑电路如图（d）所示  （a）JK 触发器实物图 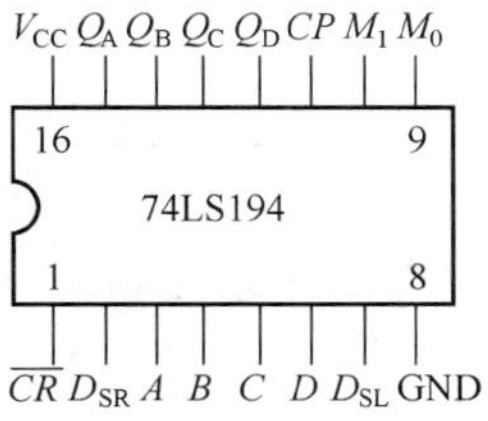　　（b）管脚排列图 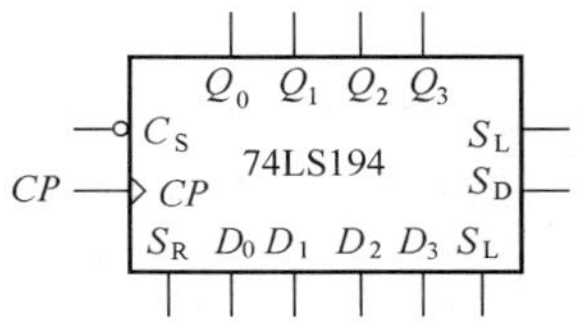　　（c）JK 触发器逻辑符号

知识点	二进制减法计数器内容
二进制减法计数器逻辑图	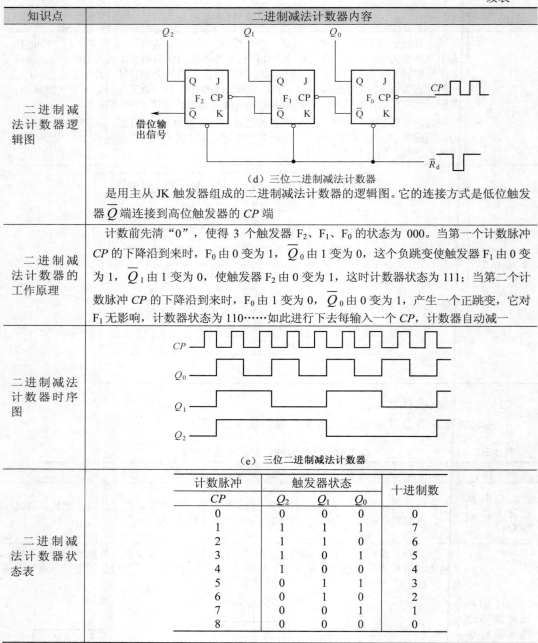 （d）三位二进制减法计数器 是用主从 JK 触发器组成的二进制减法计数器的逻辑图。它的连接方式是低位触发器 $\overline{Q}$ 端连接到高位触发器的 CP 端
二进制减法计数器的工作原理	计数前先清"0"，使得 3 个触发器 F_2、F_1、F_0 的状态为 000。当第一个计数脉冲 CP 的下降沿到来时，F_0 由 0 变为 1，$\overline{Q}_0$ 由 1 变为 0，这个负跳变使触发器 F_1 由 0 变为 1，$\overline{Q}_1$ 由 1 变为 0，使触发器 F_2 由 0 变为 1，这时计数器状态为 111；当第二个计数脉冲 CP 的下降沿到来时，F_0 由 1 变为 0，$\overline{Q}_0$ 由 0 变为 1，产生一个正跳变，它对 F_1 无影响，计数器状态为 110……如此进行下去每输入一个 CP，计数器自动减一

（e）三位二进制减法计数器

计数脉冲	触发器状态			十进制数
CP	Q_2	Q_1	Q_0	
0	0	0	0	0
1	1	1	1	7
2	1	1	0	6
3	1	0	1	5
4	1	0	0	4
5	0	1	1	3
6	0	1	0	2
7	0	0	1	1
8	0	0	0	0

（二进制减法计数器时序图、二进制减法计数器状态表）

知识点四 数字钟基本原理和电路分析

1. 数字钟的基本要求和指标

（1）设计要求和任务

① 根据数字电子钟的方框图和指定器件，完成数字电子钟主体电路设计及调试。元器件及参数选择。

② 设计一台能直接显示"时"、"分"、"秒"十进制数字的石英数字电路。秒、分为 00～59 六十进制计数器,以 24h 为一天。当计数器运行到 23 时 59 分 59 秒时,秒个位计数器再接收一个秒脉冲信号后,计数器自动显示为 00 时 00 分 00 秒。

③ 画出逻辑电路图、时序图、并写出设计报告。

(2)技术指标

① 设计一台时间以 12h 为一个周期;能直接显示"时"、"分"、"秒"十进制数字的石英数字钟。

② 走时精度高于普通机械时钟(误差不超过 1s),并且有校时功能。走时精度要求每天误差小于 1s,任何时候可对数字钟进行校准。

③ 整点能自动报时,要求报时声响四低一高,最后一响为整点。

④ 具有校时功能,可以分别对时及分进行单独校时,使其校正到标准时间。

2.数字钟基本原理和电路分析

数字钟是由几种不同逻辑功能的 COMS 数字集成电路构成,共使用了 10 片数字集成电路,分别用 U1～U10 表示,电路总原理图如图 8-13 所示。

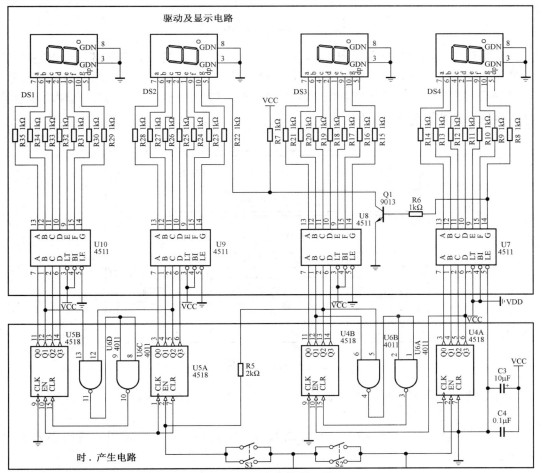

图 8-13 电路总原理图

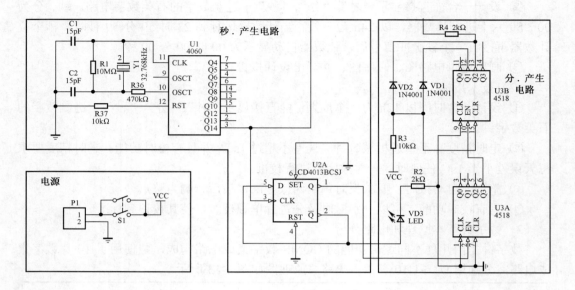

图 8-13　电路总原理图（续）

数字钟工作原理方框图如图 8-14 所示，由秒信号发生器（时基电路）、小时和分钟计数器及译码、驱动显示 3 部分组成，基本过程是：时基电路产生精确周期的脉冲信号，经过分频器分频作用给后面的计数器输送 1Hz 的秒信号，最后再由计数器及驱动显示单元，按位驱动数码管显示时间。

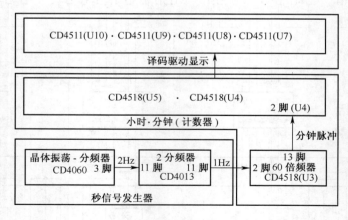

图 8-14　方框图

为了便于理解和实验，现将数字钟的 3 个部分逐一详细讲解。

（1）秒信号发生器

秒信号电路由时基电路与计数电路组成，它的知识点、电路图和说明如表 8-21 所示。

表8-21   秒信号发生器知识点、电路图和说明

知识点	电路图	说明
时基电路组成	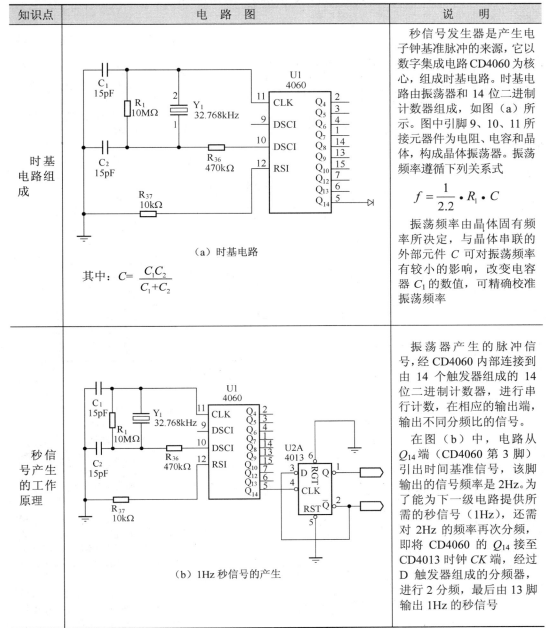 （a）时基电路 其中：$C=\dfrac{C_1C_2}{C_1+C_2}$	秒信号发生器是产生电子钟基准脉冲的来源，它以数字集成电路CD4060为核心，组成时基电路。时基电路由振荡器和14位二进制计数器组成，如图（a）所示。图中引脚9、10、11所接元器件为电阻、电容和晶体，构成晶体振荡器。振荡频率遵循下列关系式 $$f=\frac{1}{2.2}\cdot R_1\cdot C$$ 振荡频率由晶体固有频率所决定，与晶体串联的外部元件C可对振荡频率有较小的影响，改变电容器C_1的数值，可精确校准振荡频率
秒信号产生的工作原理	（b）1Hz秒信号的产生	振荡器产生的脉冲信号，经CD4060内部连接到由14个触发器组成的14位二进制计数器，进行串行计数，在相应的输出端，输出不同分频比的信号。 在图（b）中，电路从Q_{14}端（CD4060第3脚）引出时间基准信号，该脚输出的信号频率是2Hz。为了能为下一级电路提供所需的秒信号（1Hz），还需对2Hz的频率再次分频，即将CD4060的Q_{14}接至CD4013时钟CK端，经过D触发器组成的分频器，进行2分频，最后由13脚输出1Hz的秒信号

（2）分钟信号发生器

分钟信号发生器是在CD4013输出的秒信号加一级60倍频的计数器，则60秒倍频器由单片CD4518组成分钟信号发生器。它的知识点、电路图和说明如表8-22所示。

表 8-22　　　　　　　　分钟信号发生器知识点、电路图和说明

知识点	电 路 图	说 明
CD4518 集成电路	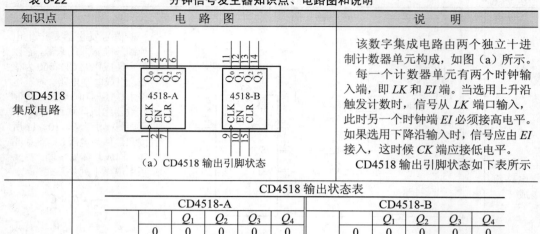 （a）CD4518 输出引脚状态	该数字集成电路由两个独立十进制计数器单元构成，如图（a）所示。 　　每一个计数器单元有两个时钟输入端，即 LK 和 EI 端。当选用上升沿触发计数时，信号从 LK 端口输入，此时另一个时钟端 EI 必须接高电平。如果选用下降沿输入时，信号应由 EI 接入，这时候 CK 端应接低电平。 　　CD4518 输出引脚状态如下表所示

CD4518 输出状态表

	CD4518-A						CD4518-B			
		Q_1	Q_2	Q_3	Q_4			Q_1	Q_2	Q_3	Q_4
输出数据	0	0	0	0	0	输出数据	0	0	0	0	0
	1	0	0	0	1		1	0	0	0	1
	2	0	0	1	0		2	0	0	1	0
	3	0	0	1	1		3	0	0	1	1
	4	0	1	0	0		4	0	1	0	0
	5	0	1	0	1		5	0	1	0	1
	6	0	1	1	0		6	0	1	1	0
	7	0	1	1	1		7	0	1	1	1
	8	1	0	0	0		8	1	0	0	0
	9	1	0	0	1		9	1	0	0	1

知识点	电 路 图	说 明
分钟信号发生器	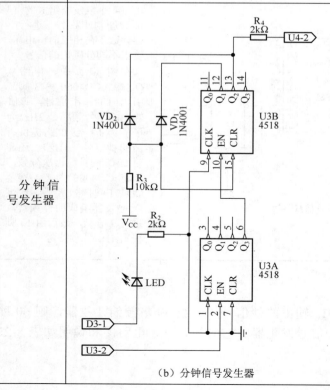 （b）分钟信号发生器	1 脚接低电平，信号由 2 脚接入，7（R）脚和 15（R）脚分别为相应单元输出端数据清除控制端。当 7 脚为高电平时，CD4518 中的 A 单元所有 Q 端被强制清零，即复位，此时无论输入端有无信号，输出端 Q_0、Q_1、Q_2、Q_3 的数据均保持低电平，直到 7 脚为低电平时，计数器的控制权才交给信号输入端。 　　当计数器的数值达到 60 时，U3A（CD4518-A）输出的二进制数为 0000，U3B（CD4518-B）输出端的二进制数为 0110，即 Q_3 为 0、Q_2 为 1、Q_1 为 1、Q_0 为 0，由图（b）可知，Q_2 和 Q_1 分别连接二极管 VD1、VD2，而 VD1、VD2 和电阻 R_3 组合成一个与门电路，当 Q_1、Q_2 为高电平时，该与门电路输出高电平，并向 CD4518B 的 15 脚置 1，促使 U3B（CD4518 中的一个计数器单元）复位，即输出端被清 0。由于 U3A 是十进制计数，只要自动回零就可以，从而完成了 60 进制的计数分频任务，为下一级提供分钟脉冲信号

续表

知识点	电 路 图	说 明
计数器的组成及计数过程	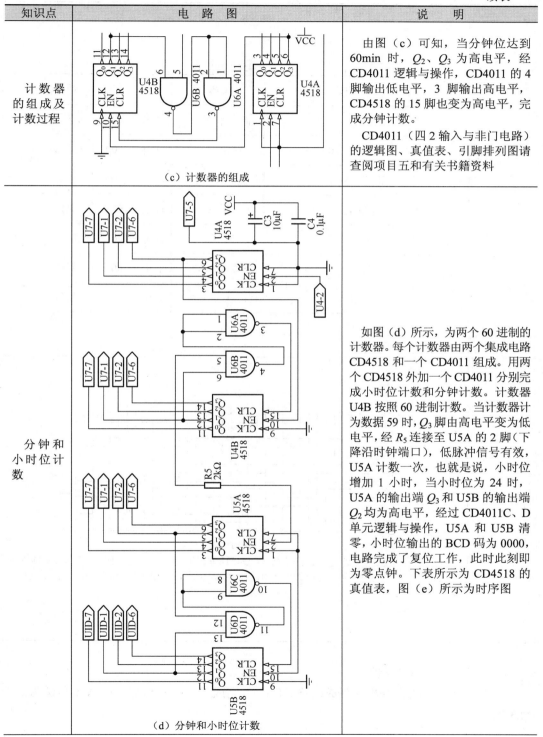	由图（c）可知，当分钟位达到60min时，Q_2、Q_3为高电平，经CD4011逻辑与操作，CD4011的4脚输出低电平，3脚输出高电平，CD4518的15脚也变为高电平，完成分钟计数。CD4011（四2输入与非门电路）的逻辑图、真值表、引脚排列图请查阅项目五和有关书籍资料
分钟和小时位计数		如图（d）所示，为两个60进制的计数器。每个计数器由两个集成电路CD4518和一个CD4011组成。用两个CD4518外加一个CD4011分别完成小时位计数和分钟计数。计数器U4B按照60进制计数。当计数器计为数据59时，Q_3脚由高电平变为低电平，经R_5连接至U5A的2脚（下降沿时钟端口），低脉冲信号有效，U5A计数一次，也就是说，小时位增加1小时，当小时位为24时，U5A的输出端Q_3和U5B的输出端Q_2均为高电平，经过CD4011C、D单元逻辑与操作，U5A和U5B清零，小时位输出的BCD码为0000，电路完成了复位工作，此时此刻即为零点钟。下表所示为CD4518的真值表，图（e）所示为时序图

（c）计数器的组成

（d）分钟和小时位计数

197

续表

知识点	电 路 图			说 明

CD4518 真值表

CP	CP_e	R	功能
上升沿（↑）	高电平（1）	低电平（0）	加计数
低电平（0）	下降沿（↓）	低电平（0）	加计数
下降沿（↓）	任意状态（＊）	低电平（0）	保持
任意状态（＊）	上升沿（↑）	低电平（0）	保持
上升沿（↑）	低电平	低电平（0）	保持
高电平（1）	下降沿（↓）	低电平（0）	保持
任意状态（＊）	任意状态（＊）	高电平（1）	复位

波形图

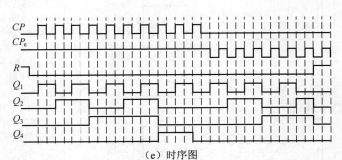

（e）时序图

从时序图可以清晰地看出，当 CP_e（CD4518 的 EI 端）为高电平时，CP 端（CD4518 的 CK 端）的正脉冲信号可以改变输出端的数据状态，当 R 端为高电平时，所有 Q 端均为低电平。

（3）译码显示驱动电路

译码显示驱动电路由数字集成电路 CD4511 完成，它的知识点、电路图和说明如表 8-23 所示。

表 8-23 译码显示驱动电路知识点、电路图和说明

知识点	电 路 图	说 明
CD4511 引脚排列和逻辑符号	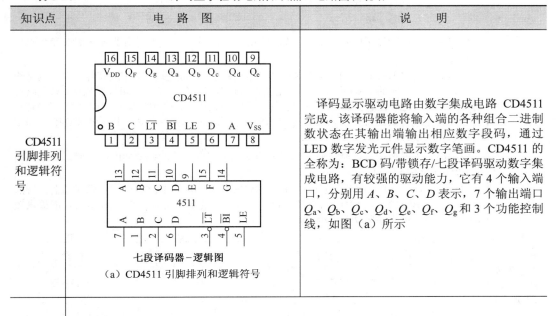 （a）CD4511 引脚排列和逻辑符号	译码显示驱动电路由数字集成电路 CD4511 完成。该译码器能将输入端的各种组合二进制数状态在其输出端输出相应数字段码，通过 LED 数字发光元件显示数字笔画。CD4511 的全称为：BCD 码/带锁存/七段译码驱动数字集成电路，有较强的驱动能力，它有 4 个输入端口，分别用 A、B、C、D 表示，7 个输出端口 Q_a、Q_b、Q_c、Q_d、Q_e、Q_f、Q_g 和 3 个功能控制线，如图（a）所示

当 CD4511 的 4 脚为低电平时，7 个输出端为低电平。在正常使用时，4 脚要接高电平，其真值表如下表所示

CD4511 真值表

	LE	BI	LT	D	C	B	A	Q_a	Q_b	Q_c	Q_d	Q_e	Q_f	Q_g	显示
真值表	任意	任意	0	任意	任意	任意	任意	1	1	1	1	1	1	1	8
	任意	0	1	任意	任意	任意	任意	0	0	0	0	0	0	0	熄灭
	0	1	1	0	0	0	0	1	1	1	1	1	1	0	0
	0	1	1	0	0	0	1	0	1	1	0	0	0	0	1
	0	1	1	0	0	1	0	1	1	0	1	1	0	1	2
	0	1	1	0	0	1	1	1	1	1	1	0	0	1	3
	0	1	1	0	1	0	0	0	1	1	0	0	1	1	4
	0	1	1	0	1	0	1	1	0	1	1	0	1	1	5
	0	1	1	0	1	1	0	0	0	1	1	1	1	1	6
	0	1	1	0	1	1	1	1	1	1	0	0	0	0	7
	0	1	1	1	0	0	0	1	1	1	1	1	1	1	8
	0	1	1	1	0	0	1	1	1	1	0	0	1	1	9

知识点	电 路 图	说 明
数字钟译码驱动显示电路的原理图和工作过程	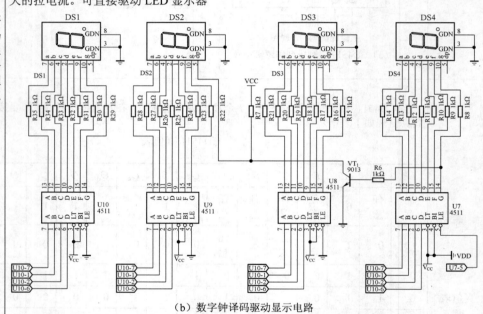 （b）数字钟译码驱动显示电路	数字钟译码驱动显示电路的原理图如图（b）所示。这部分电路可分为译码驱动和数码显示两部分。 译码驱动是将前级 CD4518 输出端送来的 BCD 码转换成七段控制信号，再由驱动电路输出，驱动与之连接的 LED 七段数码显示器件显示数字字符。从图上可以看出，4 只数码管的公共端均接地，在选择器件时一定要使用共阴极数码管，否则将显示反向字符。CD4511 的 7 个输出端与数码管之间均接有 1kΩ 的电阻，此电阻起限流作用，以保护 CD4511 和数码管的安全运行。 显示译码主要解决二进制数显示成对应的十或十六进制数的转换功能，一般其可分为驱动 LED 和驱动 LCD 两类。 CD4511 是一个用于驱动共阴极 LED（数码管）显示器的 BCD 码-七段码译码器，特点如下：具有 BCD 转换、消隐和锁存控制、七段译码及驱动功能的 CMOS 电路，能提供较大的拉电流。可直接驱动 LED 显示器

 项目学习评价

一、习题和思考题

① 在图 8-7 总原理图中，设有两个开关。在总装完成后，试加入 S_2、S_3 这两个开关，分别按动它们，会有什么发现？

② 如果将 CD4518 的 7 脚悬空，会出现什么现象？

③ 将 CD4511 的 5 脚悬空，该位数字处于什么样的状态？该状态是否影响走时精度？

④ 将 CD4013 的 8 脚或 10 脚悬空后会造成什么结果？

⑤ 什么是编码器？什么是译码器？为什么说译码是编码的逆过程？

⑥ 什么叫数据选择器？它的基本功能是什么？

⑦ 什么叫数据分配器？它的基本功能是什么？

⑧ 什么是时序逻辑电路？

⑨ 试说明时序逻辑电路和组合逻辑电路之间的区别以及各自的特点。

⑩ 常见的触发器有哪几种?试写出它们的逻辑符号及状态表。指出主从 JK 触发器和 D 触发器的不同之处。

⑪ 画出一个用 D 触发器组成的 4 位二进制加法计数器电路。

⑫ 什么叫移位寄存器？基本 RS 触发器能够构成移位寄存器吗？为什么？

二、技能反复训练与测试

根据制作单元电路的不同，测定对应数字集成电路引脚电压并填入表 8-24。

表 8-24　　　　　　　　　　集成电路特点

引脚	电压	功能	信号特征	引脚	电压	功能	信号特征
1				1			
2				2			
3				3			
4				4			
5				5			
6				6			
7				7			
8				8			
9				9			
10				10			
11				11			
12				12			
13				13			
14				14			
15				15			
16				16			

三、自评、互评及教师评价

评价项目	项目评价内容	分值	自我评价	小组评价	教师评价	得分
实操技能	① 对元件识别检测型号、极性和标称值的识读、识别；用万用表对元器件进行检测和判别，将不合格元器件筛选出来进行更换	20				
	② 安装工艺：按装配图进行装接，要求不错装，不损坏元器件，无虚焊、漏焊和搭锡，焊点光滑干净	10				

续表

评价项目	项目评价内容	分值	自我评价	小组评价	教师评价	得分
	③ 功能测试：测量 CD4060 的正、反相电阻并记录；测量 CD4060 各脚的电压并记录；测（CD4060 第 3 脚）引出时间基准信号，该脚输出的信号频率是 2Hz。画出波形曲线	15				
	④ 仪器仪表正确使用	15				
理论知识	习题和思考题	15				
安全文明生产	① 工具的摆放	5				
	② 仪器仪表和人身安全	5				
学习态度	① 出勤情况	5				
	② 实验室和课堂纪律	5				
	③ 团队协作精神	5				

四、个人学习总结

成功之处	
不足之处	
改进方法	

世纪英才·中职教材目录（机械、电子类）

书　名	书　号	定　价
模块式技能实训·中职系列教材（电工电子类）		
电工基本理论	978-7-115-15078	15.00 元
电工电子元器件基础（第 2 版）	978-7-115-20881	20.00 元
电工实训基本功	978-7-115-15006	16.50 元
电子实训基本功	978-7-115-15066	17.00 元
电子元器件的识别与检测	978-7-115-15071	21.00 元
模拟电子技术	978-7-115-14932	19.00 元
电路数学	978-7-115-14755	16.50 元
复印机维修技能实训	978-7-115-16611	21.00 元
脉冲与数字电子技术	978-7-115-17236	19.00 元
家用电动电热器具原理与维修实训	978-7-115-17882	18.00 元
彩色电视机原理与维修实训	978-7-115-17687	22.00 元
手机原理与维修实训	978-7-115-18305	21.00 元
制冷设备原理与维修实训	978-7-115-18304	22.00 元
电子电器产品营销实务	978-7-115-18906	22.00 元
电气测量仪表使用实训	978-7-115-18916	21.00 元
单片机基础知识与技能实训	978-7-115-19424	17.00 元
模块式技能实训·中职系列教材（机电类）		
电工电子技术基础	978-7-115-16768	22.00 元
可编程控制器应用基础	978-7-115-14933	18.00 元
数学	978-7-115-16163	20.00 元
机械制图	978-7-115-16583	24.00 元
机械制图习题集	978-7-115-16582	17.00 元
AutoCAD 实用教程（第 2 版）	978-7-115-20729	25.00 元
车工技能实训	978-7-115-16799	20.00 元
数控车床加工技能实训	978-7-115-16283	23.00 元
钳工技能实训	978-7-115-19320	17.00 元
电力拖动与控制技能实训	978-7-115-19123	25.00 元
低压电器及 PLC 技术	978-7-115-19647	22.00 元
S7-200 系列 PLC 应用基础	978-7-115-20855	22.00 元

书　　名	书　　号	定　价
中职项目教学系列规划教材		
数控车床编程与操作基本功	978-7-115-20589	23.00 元
单片机应用技术基本功	978-7-115-20591	19.00 元
电工技术基本功	978-7-115-20879	21.00 元
电热电动器具维修技术基本功	978-7-115-20852	19.00 元
电子线路 CAD 基本功	978-7-115-20813	26.00 元
电子技术基本功	978-7-115-20996	24.00 元

读者信息反馈表

姓名		身份	□学生	□教师	□其他
E-mail		电话			
通讯地址			邮编		
购书地点		购书日期			
购书因素	□学校订购　　□书店推荐　　□朋友推荐 □书目宣传　　□自己搜索　　□内容精彩				
学习方式	□学校开课　　□教学备课　　□社会培训 □自学　　　　□获取资料				
对本书的看法	（内容、版式有哪些长处和不足，定价是否合理）				
对本书的建议	（本书需要调整哪些内容）				
您的期望	（您对本系列教材还有什么期望）				

回函方式

地址：北京市崇文区夕照寺街 14 号人民邮电出版社 517 室（收）

邮编： 100061

电话： 010-67132746/67129258

邮箱： wuhan@ptpress.com.cn

（此表格电子文件可在网站 http://www.ycbook.com.cn 上"资源下载"栏目中下载）